普通高等教育“十三五”规划教材

园林树木图鉴与造景综合实践教程

刘慧民 主编

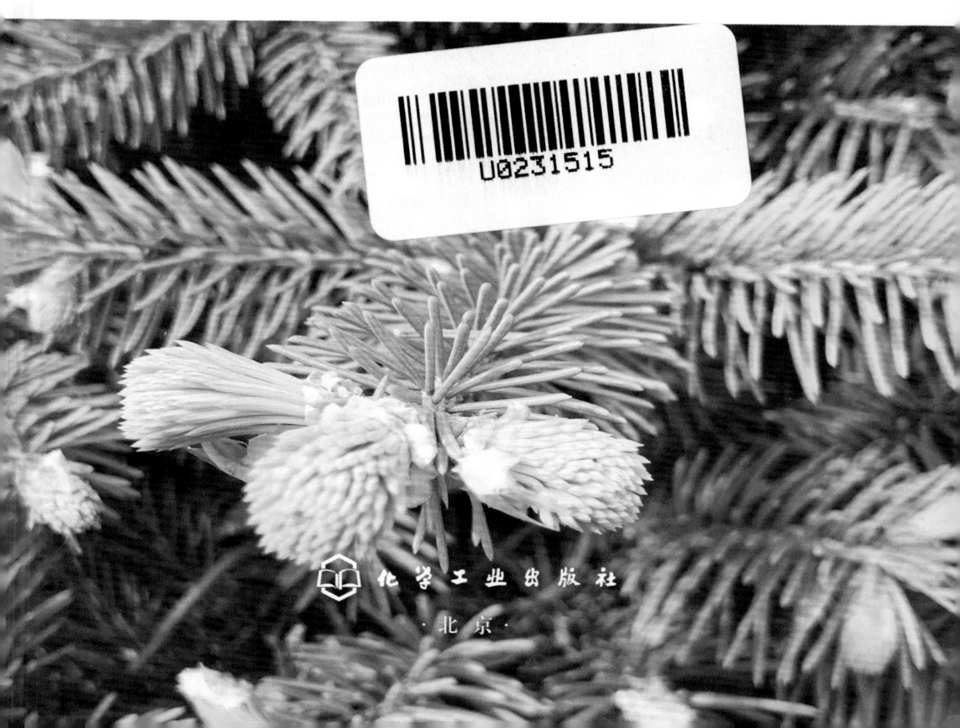

化学工业出版社

·北京·

《园林树木图鉴与造景综合实践教程》共收录园林树木资源27科，55属，102种、品种及变种，主要介绍各树种的分类学地位、产地与分布、形态特征、生态习性与造景、新品种资源、园林造景特色与园林应用等。每种园林树木均有插图，图文并茂，便于对照识别。

本书可作为高等院校园林、园艺、风景园林、植物学、生物学、林学等专业师生的学习参考用书，也可作为相关植物爱好者的参考用书。

图书在版编目（CIP）数据

园林树木图鉴与造景综合实践教程/刘慧民主编. —北京：化学工业出版社，2019.11

ISBN 978-7-122-35111-1

Ⅰ.①园… Ⅱ.①刘… Ⅲ.①园林树木-高等学校-教材 Ⅳ.①S68-64

中国版本图书馆CIP数据核字（2019）第191353号

责任编辑：尤彩霞　　　装帧设计：关　飞
责任校对：宋　夏

出版发行：化学工业出版社（北京市东城区青年湖南街13号　邮政编码100011）
印　　装：北京瑞禾彩色印刷有限公司
889mm×1194mm　1/32　印张　$6^1/_4$　字数165千字
2019年12月北京第1版第1次印刷

购书咨询：010-64518888　　售后服务：010-64518899
网　　址：http://www.cip.com.cn
凡购买本书，如有缺损质量问题，本社销售中心负责调换。

定　　价：49.00元

编写人员名单

主　编　刘慧民（东北农业大学园艺园林学院）

副主编　宫思羽（东北农业大学园艺园林学院）

浦　杰（东北农业大学园艺园林学院）

王大庆（海南海口经济学院）

参编人员（按姓氏拼音排序）

房　莉（齐齐哈尔大学生命科学与农林学院）

高炎冰（辽宁省抚顺市规划局抚顺经济开发区分局）

刘计璇（黑龙江省齐齐哈尔市沿江湿地自然保护区管理处）

刘　威（东北农业大学园艺园林学院）

刘宇航（东北农业大学现代教育技术中心）

宋兴蕾（齐齐哈尔工程学院）

孙娓娓（黑龙江省海伦市职业技术教育中心学校）

陶洪波（江苏省徐州市铜山区林业技术指导站）

魏玉香（黑龙江外国语学院）

于松歌（哈尔滨工业大学建筑设计研究院）

翟晓鸥（黑龙江省森林植物园）

张　娇（黑龙江省齐齐哈尔市铁锋区市政园林管理处）

前言

园林树木学是园林专业、风景园林专业、景观专业的主要专业课程之一，也是园林植物与观赏园艺专业的必选课程。在进行园林规划设计、绿化工程及园林养护管理中，都必须具备园林树木学知识。园林树木学课程主要讲授园林树木资源和新品种资源、园林树木的形态特征、生态习性、生物学特征、园林树木造景与园林应用等内容。

《园林树木图鉴与造景综合实践教程》全书共收录园林树木资源27科，55属，102种、品种及变种，主要介绍各树种的分类学地位、产地与分布、形态特征、生态习性、新品种资源、园林造景特色与园林应用等。每种园林树木均有插图，便于对照识别。

本书虽经过严格审校，但由于理论水平和实践经验所限，谬误之处在所难免，敬请广大读者批评指正，以期在修订和再版时改正和提高完善。

（注：书中下划线内容表示植物的典型形态特征、典型生态习性和典型应用方式，全书同。）

编者

2019年9月

本书图例

树木种类：

常绿乔木

落叶乔木

灌木

藤本

地被

温度：

抗寒力强

抗寒力中等

抗寒力弱

水分：

喜水湿

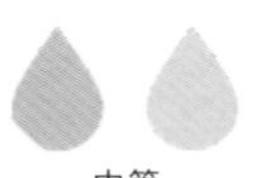
中等

抗旱

光照：

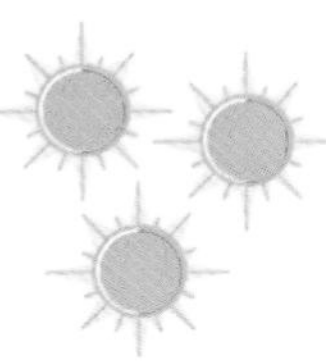
喜阳

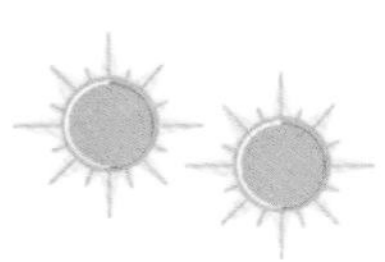
中等

耐阴

pH值：

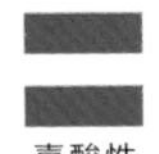
喜酸性

中性土壤

耐盐碱

土壤：

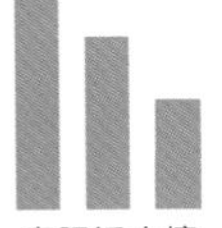
喜肥沃土壤

中等肥力土壤

耐贫瘠

气体:

抗有毒气体

敏感

其它:

耐修剪

抗虫

抗病

观叶:

红色叶

黄色叶

紫色叶

观花:

（橙）红色花

粉色花

白色花

黄色花

（淡）紫色花

（淡）黄绿色

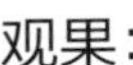

观果:

红色果

黄（绿）色果

蓝紫色果

白色果

花期、果期、叶色期、常色叶期:

1	2	3	4	5	6	7	8	9	10	11	12

花期

叶色期

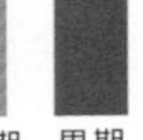

果期

对形：

圆锥形

圆柱形

长卵圆形

圆球形

垂枝形

匍匐形

枝条着生：

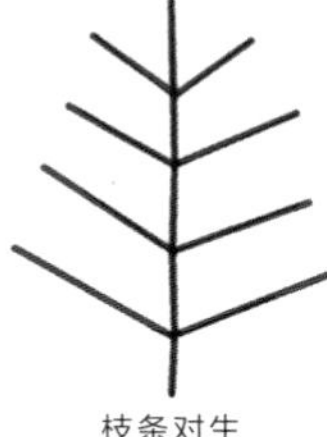
枝条对生

枝条互生

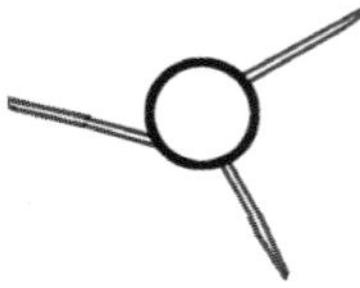
枝条轮生

分枝类型：

假二叉分枝

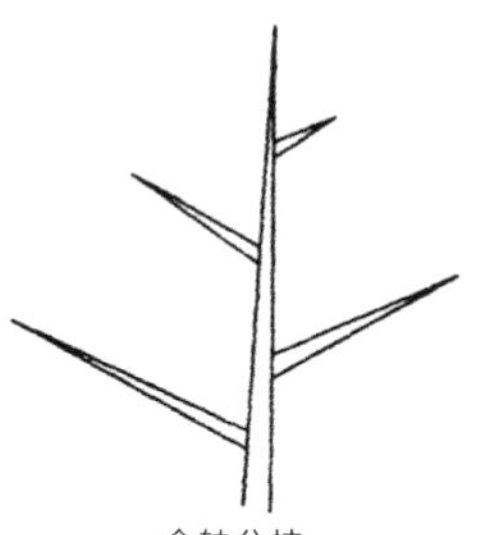
合轴分枝

叶形：

单叶

披针形

长卵形

阔卵形

倒卵形

复叶

三出复叶

掌状复叶

奇数羽状复叶

偶数羽状复叶

花序类型：

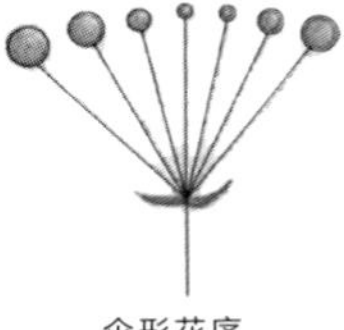
伞形花序

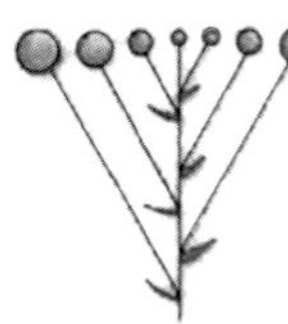
伞房花序

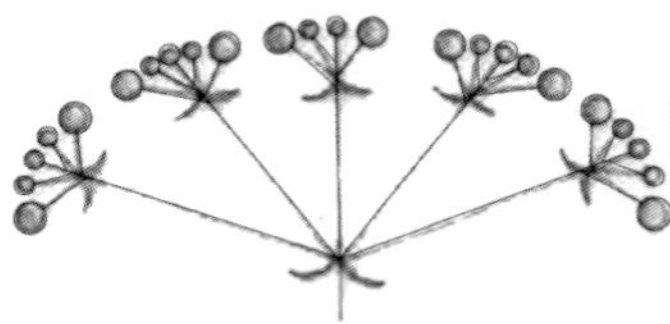
复（聚）伞房花序

总状花序

圆锥花序

葇荑花序

目录

总论

园林树木形态识别的依据与方法

各论

北方常见园林树木的形态识别

参考文献

索 引

总论

园林树木
形态识别的依据与方法

1. 园林树木夏季形态识别的依据与方法

（1）树冠形状

A. 圆锥形：如红皮云杉、冷杉、落叶松。

B. 圆柱形：如杜松、桧柏、丹东桧。

C. 垂枝形：如垂枝榆、绦柳、龙须柳。

D. 伞形：如油松、馒头柳。

E. 丛生形：如竹类。

F. 苍虬形：如迎客松。

G. 圆球形：如丁香。

H. 匍匐形：如铺地柏。

I. 长卵圆形：如槐树。

J. 拱枝形：如迎春。

K. 曲枝形：如龙爪槐。

（2）花芽、叶芽、枝条的着生方式

对生（如丁香）、互生（如蔷薇）、轮生（如杜松）、簇生（如落叶松）等。

（3）干皮、枝条颜色

有白色（如白桦）、红色（如红瑞木）、绿色（如山槐）、黄色（如山桃稠李）等。

（4）附属物

如枝刺（如梨）、皮刺（如玫瑰）、托叶刺（如大叶小檗）等。

（5）叶的形态特征

叶态是植物夏季形态识别的主要特征，叶的形态特征主要是叶片的形状、叶尖、叶缘、叶裂、叶基、叶脉、叶色、附属物的特征等，叶主要包括单叶和复叶。

（6）叶序

叶序是叶在茎上的排列方式，主要有互生、对生、轮生、簇生、基生。

（7）花的形态特征

花是植物的繁殖器官，是植物夏季形态识别的重要特征之一。

花的形态特征包括花冠、花被、雄蕊、雌蕊、胎座、子房、花序类型、开花习性、花芽、花部特征、花期、花相、花色、花期时长、香味等。

（8）花序的特征

花序是花在植株上着生的方式，根据花的排列特点分为总状花序、穗状花絮、葇荑花序、肉穗花序、伞房花序、伞形花序、隐头花序、圆锥花序、复（聚）伞花序、轮伞花序等。

（9）果实特征

果实是典型的繁殖器官，是夏季形态识别的重要特征之一。根据形态结构分为三大类：单果、聚合果、聚花果。单果又包括浆果、柑果、核果、梨果、蔷薇果、瓠果、裂果、蓇葖果、荚果、角果、蒴果。

（10）树木物候期

不同树种的物候期的时期并不相同，植物相关专业学生要求了解树种的具体物候期。

2. 园林树木冬季形态识别的依据与方法

（1）树冠形状

A. 圆锥形：如红皮云杉、冷杉、落叶松。

B. 圆柱形：如杜松、桧柏、丹东桧。

C. 垂枝形：如垂枝榆、绦柳、龙须柳。

D. 伞形：如油松、馒头柳。

E. 丛生形：如竹类。

F. 苍虬形：如迎客松。

G. 圆球形：如丁香。

H. 匍匐形：如铺地柏。

I. 长卵圆形：如槐树。

J. 拱枝形：如迎春。

K. 曲枝形：如龙爪槐。

（2）花芽、叶芽、枝条的着生方式

花芽、叶芽、枝条的着生状态：如蔷薇科互生，木樨科、忍冬科对生。

（3）干皮、枝条颜色

主干及枝条的色彩：红色（如红瑞木、偃伏梾木）、白色（白桦）。

（4）附属物

枝刺（如梨）、皮刺（如玫瑰）、托叶刺（如大叶小檗）、腺点（如秦岭忍冬）。

（5）残留物

依据树体存留的叶片或果实可直接鉴别树木种类。

（6）叶痕与叶迹特征

叶痕：叶片形成离层后，脱落时在小枝上留下的痕迹。

叶迹：维管束脱落后在叶痕上形成的痕迹。

许多园林树木落叶休眠时都形成典型的叶痕与叶迹特征，常见的如：马蹄形（如黄檗）、椭圆形（如文冠果）、半圆形（如水曲柳）、猴脸形（如胡桃楸）、倒卵形（如梓树）等。

（7）冬芽特征

冬芽是树木典型的越冬器官，芽的形态、发育程度、颜色、着生方式、类型等是重要的冬季形态识别依据。

（8）解剖学特征

枝条内部结构、枝条发育程度、髓心形状也是树木的冬态特征之一。

（9）树木的物候期

不同树种的物候期的时期并不相同，了解树种的特定物候期，也能帮助识别具体种类。

（10）其他的冬季形态特征

树木主干干皮的皮裂与光滑程度、皮裂方式、皮孔的形状等。

各论

北方常见
园林树木的形态识别

Ⅰ. 裸子植物门 (Gymnospermae)

一、松科Pinaceae

松科特征：乔木，常绿或落叶，叶针状，常2、3或5针一束，或呈扁平条形，散生或簇生，雌雄同株或异株，雄球花柱形，雌球花球果状，含10属230余种，多分布于北半球。

（一）冷杉亚科 Abietoideae

冷杉亚科特征：叶条形，扁平或四棱，螺旋状着生，不成束；仅具长枝，无短枝；球果当年成熟。

1. 冷杉属*Abies* Mill.

冷杉属特征：常绿乔木，枝条簇生或轮生，小枝上具圆形叶痕，叶片扁平条形，球果圆柱形，直立，当年成熟。中国产20余种，分布于华北及其以北地区。

（1）臭冷杉

拉丁学名　*Abies nephrolepis* (Trauty.) Maxim.

产地与分布　主产于中国东北小兴安岭，广泛分布于中国东北地区。

形态特征　树冠尖塔形，树干皮光滑，树干皮内有油腺包，枝条层次明显，枝条轮生。叶片针状，扁平条形，叶片先端微内陷，球果卵状圆柱形，直立。冬芽有树脂。

园林应用

① 形态造景：园景树，常绿树，雪地造景，疏林草坪。

② 生态造景：阴面绿化、水湿地绿化。

③ 人文造景：墓园、陵园、纪念性园林及寺庙园林绿化。

典型形态与习性

= 1 2 3 4 5 6 7 8 9 10 11 12

（2）杉松

拉丁学名　*Abies holophylla* Maxim.

产地与分布　主产于中国东北三省（小兴安岭无分布），是长白山区和牡丹江山区主要树种之一，在北京等地有引种栽培，表现良好。

形态特征　树冠尖塔形，树干皮粗糙、鳞片状剥落，枝条层次明显，枝条轮生，叶片针状、扁平条形，叶片先端尖锐。球果（卵状）圆柱形，成熟时淡黄褐色，直立。冬芽有树脂。

园林应用

① 形态造景：庭荫树，园景树，常绿树，雪地造景，疏林草坪。

② 生态造景：阴面绿化、寒地绿化。

③ 人文造景：墓园、陵园、纪念性园林及寺庙园林绿化。

典型形态与习性

1	2	3	4	5	6	7	8	9	10	11	12

2. 云杉属*Picea* Dietr.

云杉属特征：常绿乔木，树干尖塔或圆锥形，枝条轮生，小枝上有木钉状叶枕，着生针叶，针叶锥棱形，螺旋状散生，球果圆柱形，下垂，当年成熟。中国产约20种，分布于中国东北、西北。

（3）白扦云杉

拉丁学名　*Picea meyeri* Rehd. et Wils

产地与分布　中国特产树种，产于山西五台山，河北小五台山、雾灵山，陕西，华北等，华北城市园林中多见栽培。

形态特征　树冠狭圆锥形，树冠先端较圆盾，分枝多，小枝密集，枝顶冬芽芽鳞向外反卷。针叶四棱形，四面有气孔线，枝条散生，叶端钝，针叶较长1.3～3.0厘米，叶片密被白粉，植株粉绿色。雌雄同株，单性；雄球花长椭圆形，黄色或深红色；雌球花单生枝顶，绿色或红紫色。球果长卵形，鳞片薄，下垂。

新品种资源　1908年引种至美国阿诺德树木园，日本也有引入。

园林应用

① 形态造景：庭荫树，园景树，雪地造景，疏林草坪。

② 生态造景：阴面、阴影区绿化，水湿地、水边绿化。

③ 人文造景：墓园、陵园、纪念性园林、寺庙园林绿化。

典型形态与习性

枝条

果

树形

小枝条

冬芽

（4）红皮云杉

拉丁学名　*Picea koraiensis* Nakai

产地与分布　分布于中国东北小兴安岭，广泛分布于中国东北、西北地区。

形态特征

① 夏态特征：树冠锥塔形，大枝平展，针叶锥棱形，散生，新叶柔嫩。单性花，雌雄同株异花，雌球花卵状紫红色，雄球花圆柱形黄色，球果卵状圆柱形下垂。

② 冬态特征：小枝有凸起的木钉状叶枕，冬芽莲花座形，鳞片反卷。

新品种资源　在欧美有育成高度不到一米、植株匍匐地面生长、株形紧凑或灌木状的品种，多用于岩石园绿化。

园林应用

① 形态造景：园景树，常绿树，雪地造景，岩石园绿化，常绿绿篱。

② 生态造景：林下林缘、建筑阴影区、水湿地、工厂与工矿区绿化。

③ 人文造景：墓园、陵园、纪念性园林绿化。

典型形态与习性

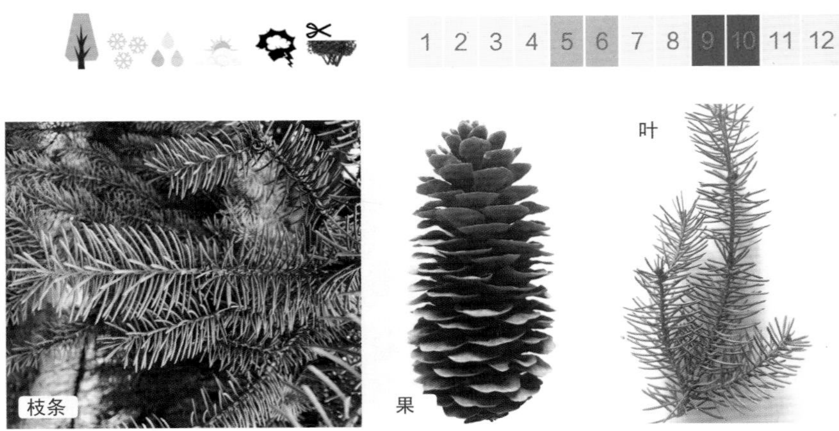

树形
叶枕
新叶
鳞片反卷
鳞片反卷

（5）青扦云杉

拉丁学名　*Picea wilsonii* Mast.

产地与分布　分布于中国河北小五台山、雾灵山，陕西南部，甘肃中南部等，北京等华北地区的城市园林中常见栽培。

形态特征　树冠尖塔形，分枝多，小枝密集，小枝上密生木钉状叶枕，冬芽芽鳞紧贴小枝。叶片针叶四棱形，散生于枝条上，针叶较短，0.8 ～ 1.2厘米，雌雄同株，单性。雄球花长椭圆形，黄色或深红色；雌球花单生枝顶，绿色或红紫色。球果长卵形，鳞片薄，下垂，种子倒卵形，黑褐色。

园林应用

① 形态造景：园景树，雪地造景、障景、背景素材。

② 生态造景：阴面绿化、水湿地绿化。

③ 人文造景：墓园、陵园、纪念性园林、寺庙园林绿化。

典型形态与习性

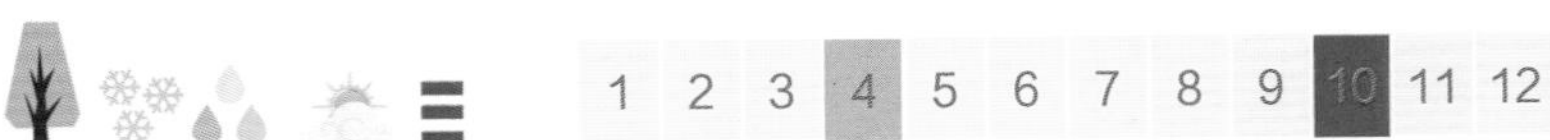

叶片
果
树形
叶散生

（二）落叶松亚科 Laricoideae

落叶松亚科特征：树冠开展，分层明显，叶扁平条形或针状，在长枝上螺旋状散生，在短枝上簇生；球果当年或次年成熟。

落叶松属：*Larix* Mill.

落叶松属特征：落叶乔木，树皮纵裂成较厚的块片；大枝水平开展，枝叶稀疏，有长枝短枝之分。叶扁平，条形，质柔，淡绿色，叶表和叶背均有气线孔，叶片在长枝上螺旋状互生，在短枝上轮生。雌雄同株，花单性，雄球花黄色，雌球花红色或绿紫色。球果形小，种子三角状，有长翅。中国产10种，多分布于北半球寒冷地区。

（6）兴安落叶松

拉丁学名　*Larix gmelini*（Rupr.）Rupr.

产地与分布　分布于中国东北地区，大、小兴安岭等地。在北京的门头沟地区曾有引种栽培，生长情况不如华北落叶松及黄花落叶松。

形态特征　树冠近塔形，树皮暗灰色或灰褐色，纵裂成鳞片状剥落，剥落后内皮呈紫红色；大枝水平展开，有长短枝之分，叶扁平，条形，质柔，在长枝上螺旋状互生，在短枝上轮生，顶端叶枕之间有黄白色长柔毛，秋叶金黄。雌雄同株，花单性，雄球花黄色，雌球花红色或绿紫色。球果卵圆形，种子三角状卵形。种翅镰刀形。

新品种资源　同属华北落叶松和黄花落叶松常见园林应用。

园林应用

① 形态造景：园景树，风景林。

② 生态造景：阳面绿化，寒地绿化，水湿地绿化，工厂、工矿区绿化。

③ 人文造景：墓园、陵园、纪念性园林、寺庙园林绿化。

典型形态与习性

1	2	3	4	5	6	7	8	9	10	11	12

树形
果
叶轮生
秋叶
树皮
冬果

（三）松亚科 Pinoideae

松亚科特征：大型乔木，常绿或落叶，叶针形，通常2、3或5针一束，或呈扁平条形，散生或簇生。雌雄同株或异株，雄球花柱形，雌球花球果状，含10属230余种，多分布于北半球。

松属*Pinus* L.

松属特征：常绿乔木，针叶，2、3或5针一束，基部为叶鞘所包被，球果次年成熟。中国产20余种，广布全国。

（7）黑皮油松

拉丁学名　*Pinus tabulaefoumis* Carr. var. *Mukdensis* Uyeki

产地与分布　主产于中国河北承德以东至辽宁沈阳、鞍山等地，现东北广泛引种栽培和园林应用。

形态特征　幼年树冠卵圆形，成年树冠伞形，老年树形截顶状，先端平截，二针一束，松针一般长于10厘米。雄球花橙黄色，雌球花绿紫色。球果塔形，果鳞肥厚。

园林应用

① 形态造景：园景树，庭荫树，行道树，雪地造景，专类园绿化，风景林。

② 生态造景：阳面绿化，寒地绿化，“四旁”绿化，干旱贫瘠地绿化。

典型形态与习性

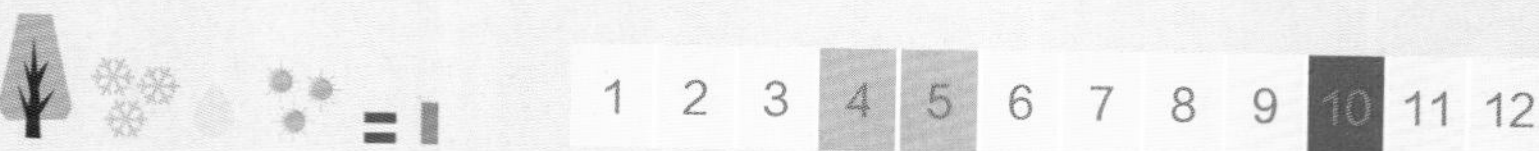

树形
树形
松针
果
二针一束

（8）樟子松

拉丁学名　*Pinus sylvestris* L. var. *mongolica* Litv.

产地与分布　产于中国黑龙江大兴安岭山地及海拉尔以西、以南沙丘地区。蒙古亦有分布。

形态特征　树冠广卵形，高可达25米，二针一束，松针长度短于10厘米，针叶扭曲，雌雄花同株而异枝，雄球花黄色，聚生于新梢基部，雌球花淡紫红色，有柄，授粉后向下弯曲；球果塔形，果鳞薄，种子黑褐色，长卵圆形或倒卵圆形，微扁。

园林应用

① 形态造景：园景树，庭荫树，行道树，雪地造景，风景林。

② 生态造景：阳面绿化，寒地绿化，“四旁”绿化，岩石园绿化，荒山绿化，干旱贫瘠地绿化。

③ 人文造景：墓园、陵园、纪念性园林、寺庙园林绿化。

典型形态与习性

（9）红松

拉丁学名　*Pinus koraiensis* Sieb. et Zucc

产地与分布　产于中国东北辽宁、吉林及黑龙江等地区，在长白山、完达山、小兴安岭极多。

形态特征　树冠卵圆形，高可达36米，枝平展，五针一束，针叶被叶鞘包被，长6～12厘米，针叶横断面近三角形，树脂道有三个；雄球花柱形，雌球花球果状，雄球花黄色，雌球花淡紫红色。球果圆锥状，长卵形。成熟后种鳞不开裂。

新品种资源　“斑叶”红松、“温顿”红松、“龙爪”红松、龙眼红松等。

园林应用

① 形态造景：雪地造景，风景林树种。

② 生态造景：阳面绿化，寒地绿化，荒山绿化。

③ 人文造景：墓园、陵园、纪念性园林、寺庙园林绿化。

典型形态与习性

二、柏科Cupressaceae

柏科特征：常绿乔木、灌木或匍匐灌木。叶交叉对生或三枚轮生，幼苗期叶刺状，成苗后叶片鳞片状或同株兼二种叶形，球果肉质，多被白粉。中国产30余种，广泛分布。

（一）侧柏亚科 Thujoideae Pilger

侧柏亚科特征：乔木，具叶状枝，鳞叶，球果种鳞木质，当年成熟开裂，种鳞不为盾形。

侧柏属*Platycladus* Spach

侧柏属特征：常绿乔木，树冠广卵形，枝条分布在一个平面上，形成叶状枝，鳞叶，球果肉质具角，被白粉。

（10）侧柏

拉丁学名　*Platycladus orientalis* (L.) Franco

产地与分布　原产于中国华北、东北，目前全国各地均有引种或栽培。

形态特征　树冠广卵形，枝条分布在一个平面上，形成叶状枝，鳞叶，雌雄同株，球花单性，单生枝顶；雄球花黄色，卵圆形；雌球花蓝绿色。球果近卵圆形，成熟前近肉质，蓝绿色，被白粉，成熟后木质开裂，红褐色；种子卵形，稍微有3棱。

新品种资源　“千头”柏、“金塔”柏、“洒金”千头柏、“北京”侧柏、“金叶”千头柏等。

园林应用

① 形态造景：园景树，庭园树，背景树，障景树，常绿绿篱。

② 生态造景：干旱贫瘠地绿化，岩石园绿化，盐碱地绿化，水体边绿化。

典型形态与习性

树形

成熟果

鳞叶

幼果

枝

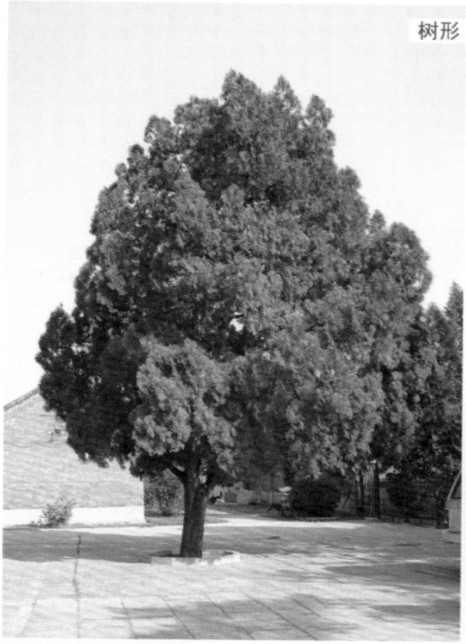

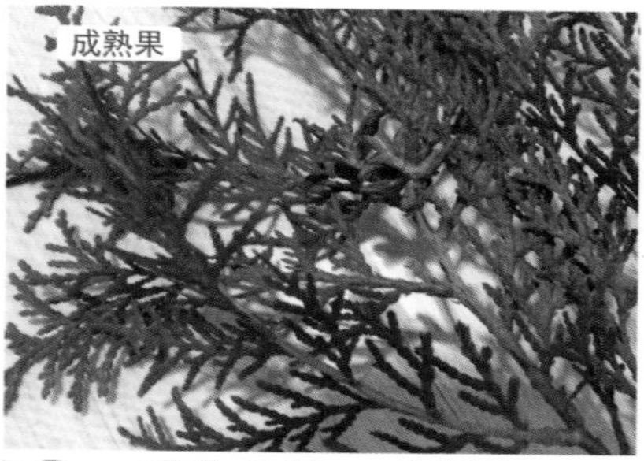

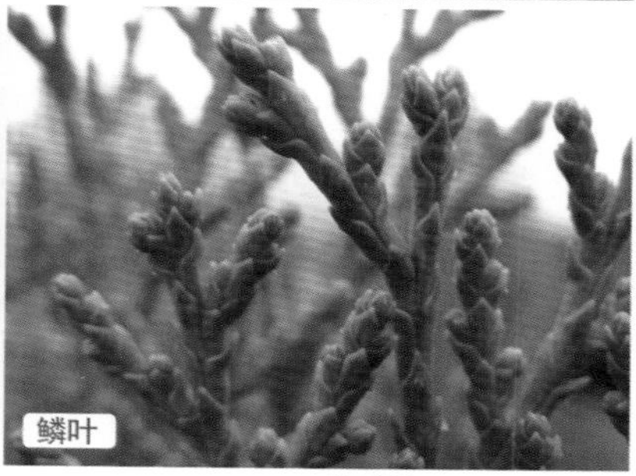

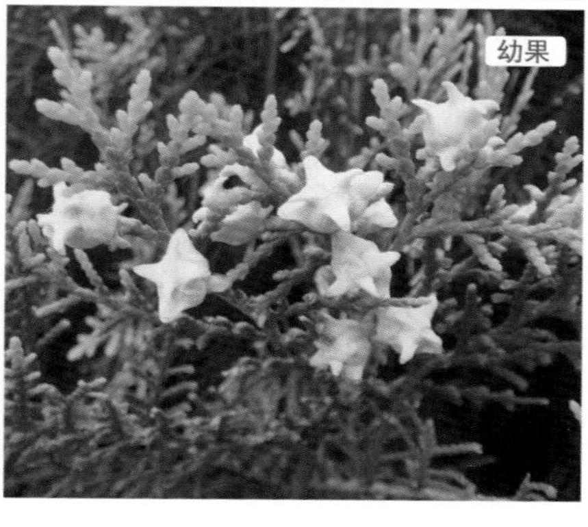

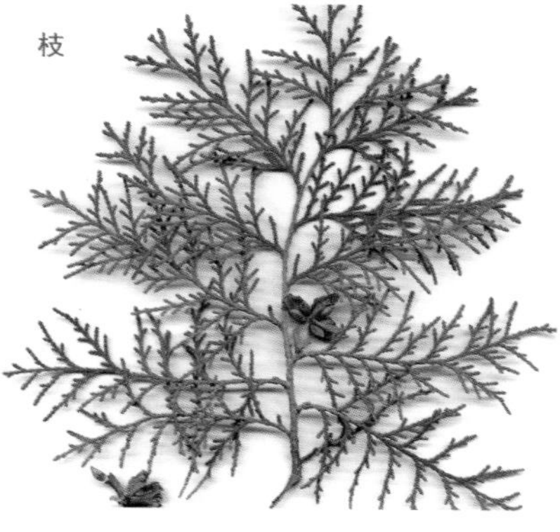

（二）圆柏亚科 Juniperoideae Pilger

圆柏亚科特征：乔木或灌木，针叶或鳞叶，球果肉质球形，成熟不开裂。

1. 圆柏属（桧属）*Sabina* Mill.

圆柏属特征：常绿乔木、灌木或匍匐灌木。叶二型，刺叶或鳞叶，鳞叶交叉对生，刺叶三枚轮生，球果肉质球形，被白粉。中国近20种。

（11）桧柏

拉丁学名　*Sabina chinensis* (L.) Ant. (*Juniperus chinensis* L.)

产地与分布　产于中国东北南部及华北等。朝鲜、日本也是产地，也有自然分布。

形态特征　树干圆柱形，叶异形，树冠基部刺叶，上部鳞叶，鳞叶与刺叶共生，刺叶常交叉对生，刺叶较短，叶片正面微凹，有2条白色气孔带，雌雄异株，雄球花黄色，球果圆形。

新品种资源　垂枝圆柏、偃柏、“金叶”桧、“金枝球”桧、“球桧”、“龙桧”等。

园林应用

① 形态造景：园景树，行道树，雪地造景，常绿绿篱。

② 生态造景：阴面绿化，工厂、工矿区绿化，干旱贫瘠地造景。

③ 人文造景：墓园、陵园、纪念性园林、寺庙园林绿化。

典型形态与习性

1 2 3 4 5 6 7 8 9 10 11 12

树形
果
刺叶
鳞叶
小枝条

（12）沙地柏

拉丁学名 *Sabina vulgaris* Ant. (J. sabina L.)

产地与分布 产于中国西北及内蒙古，北京、西安等地有引种栽培。

形态特征 植株低矮，枝条水平延伸生长，幼年时生长刺叶，成年时生长鳞叶，鳞叶交叉对生，球果球形。

园林应用

① 形态造景：常绿地被素材，雪地造景素材，护坡素材。

② 生态造景：岩石园绿化，固沙树种，干旱贫瘠地造景。

③ 人文造景：墓园、陵园、纪念性园林、寺庙园林绿化。

典型形态与习性

树形

小枝

（13）铺地柏

拉丁学名　*Sabina procumbens* (Endl.) Iwata et Kusaka

产地与分布　原产于日本，中国各地园林常见栽培。

形态特征　植株低矮，高75厘米，枝条水平生长，贴近地面伏生，叶全为刺叶，三叶交叉轮生，叶面有两条白色气孔线，球果球形。

园林应用

① 形态造景：常绿地被素材，雪地造景素材，护坡素材。

② 生态造景：岩石园绿化，固沙树种，干旱贫瘠地造景。

③ 人文造景：墓园、陵园、纪念性园林、寺庙园林绿化。

典型形态与习性

树形

叶

果

2. 刺柏属*Juniperus* L.

刺柏属特征：常绿乔木或灌木，叶片全为刺叶，三枚轮生，圆形球果浆果状。中国产3种，分布于寒带。

（14）杜松

拉丁学名　*Juniperus rigida* Sieb. et Zucc.

产地与分布　产于中国黑龙江、吉林、辽宁低山区及内蒙古乌拉山地带等。

形态特征　树冠圆柱形，叶片均为刺叶，3枚轮生，刺叶较长，叶片正面中央有1条白色气孔线，浆果状球果，不开裂，常被白粉，种子卵形，褐色，坚硬，上部有三棱。

新品种资源　日本杜松，“线枝”杜松。

园林应用

① 形态造景：园景树种，雪地造景素材，常绿绿篱。

② 生态造景：阳面绿化，寒地绿化。

典型形态与习性

1	2	3	4	5	6	7	8	9	10	11	12

三、红豆杉科Taxaceae

红豆杉科特征：常绿乔木或灌木，树冠近塔形。叶条形，少数为条状披针形，螺旋状排列或交叉对生。雌雄异株，种子核果状或坚果状。中国产4属，主要分布于南部，个别种分布至东北。

红豆杉属（紫杉属）*Taxus* L.

红豆杉属特征：常绿乔木或灌木。树皮红（褐）色，呈长片状或鳞片状剥落。多枝，侧枝不规则互生。叶互生或基部扭转成假二列状，条形，直或略弯。雌雄异株，雄球花单生叶腋。种子坚硬核果状，卵形或倒卵形，外种皮坚硬。假种皮红色可食。中国产4种和1变种。

（15）东北红豆杉

拉丁学名 *Taxus cuspidata* Sieb. et Zucc. (T. *baccata* L. var. *cuspidata* Carr.)

产地与分布 产于中国吉林、辽宁东部。俄罗斯东部、朝鲜北部及日本北部亦有分布。

形态特征 树冠近塔形，叶螺旋状着生，叶片扁平条形，略弯曲，叶缘微反曲，先端渐尖，下面有2条气孔线基部扭转成2列。雌雄异株，雄蕊集成头状；雌花胚珠淡红色，卵形。种子坚果状，卵形，赤褐色，假种皮红色可食。

新品种资源 “矮丛”紫杉、“微型”紫杉、矮紫杉。

园林应用

① 形态造景：园景树、雪地造景、观树形、观果树素材。

② 生态造景：阴面绿化，整形绿篱，高山园、岩石园绿化，盆栽盆景。

典型形态与习性

树形

叶

果

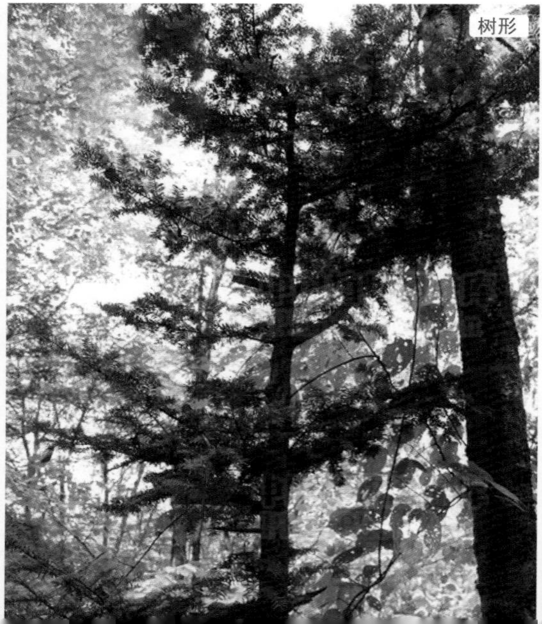

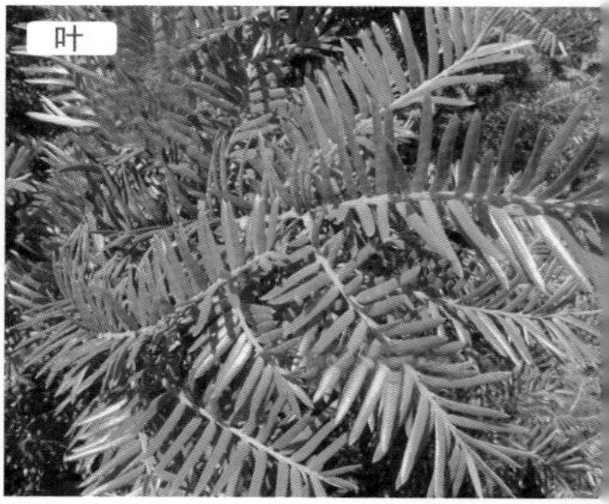

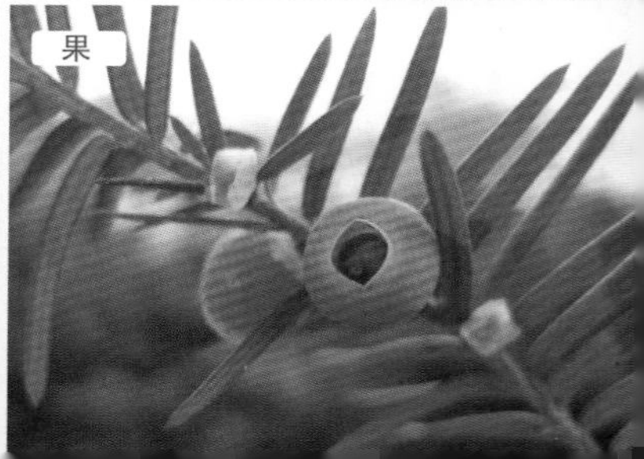

Ⅱ. 被子植物门 (Angiospermae)

双子叶植物纲（Dicotyledoneae）

多为直根系；茎中维管束环状排列，有形成层，能使茎增粗生长；叶具网状叶脉。花各部每轮通常为4～5基数；胚常具两片叶子。双子叶植物的种类约占被子植物的3/4，其中约有一半的种类是木本植物。

（Ⅰ）离瓣花亚纲 Archichlamydeae

花无花被、单被或复被，并以花瓣分离为主要特征。

四、杨柳科Salicaceae

杨柳科特征：落叶乔木或灌木，单叶互生，花单性异株，葇荑花序。蒴果，种子细小，被白色丝状长毛，中国约200种，广布全国，种间极易杂交，分类困难。

科内资源均为速生种，短寿种，发芽早，落叶晚，物候期偏长，亦为哈尔滨市乡土树种资源。

1. 杨属*Populus* L.

杨属特征：乔木。小枝顶芽发达，叶宽柄长，花序下垂，风媒，25种，分布于北半球。

（16）银中杨

拉丁学名　*Populus alba* L.

产地与分布　为杂交种，于近年在中国北方园林中广泛应用，父母本原产于欧洲、北非及亚洲西部，中国新疆有天然林分布，西北、华北及东北南部有栽培。

形态特征

① 夏态特征：树体高大，长枝之叶广卵形或三角状卵形，掌状3～5浅裂，裂片先端钝尖，叶缘有波状齿或缺裂，叶基截形或近心形；短枝之叶较小，卵形或卵圆状卵形，有不规则的钝齿。葇荑花序，雄花序3～6厘米，花药紫红色；雌花序5～10厘米，雌蕊具短柄，柱头2裂。

② 冬态特征：干皮青绿色，枝条多粗壮，皮孔明显呈菱形。

园林应用

① 形态造景：庭荫树，园景树，行道树，草坪孤植或丛植。

② 生态造景：寒地绿化，盐碱地、干旱贫瘠地、水湿地绿化，沙地绿化，防护林。

典型形态与习性

叶

花序

树皮

2. 柳属*Salix* L.

柳属特征：落叶乔木或灌木。小枝无顶芽或假顶芽，叶长无柄，花序直立，虫媒，200种，广布树种。

（17）旱柳

拉丁学名　*Salix matsudana* Koidz

产地与分布　中国分布甚广，是中国北方平原地区最常见的乡土树种之一。

形态特征

① 夏态特征：树冠广卵圆形，主干粗壮。枝条多纤细，呈绿色、光滑。叶披针形至狭披针形，长5～20厘米，先端长渐尖，基部楔形，叶缘有细锯齿，背面微被白粉；叶柄短，2～4毫米；托叶披针形，早落。葇荑花序，雄花序轴有毛；雌花子房背腹各具一腺体。果序长达2厘米，蒴果，种子具棉絮状冠毛。

② 冬态特征：树体高大，干皮黑褐色，粗糙纵裂，小枝纤细，直立生长，绿色，冬芽黄绿色，不饱满，长尖形，紧贴小枝条着生。

新品种资源　馒头柳、绦柳、龙须柳。

园林应用

① 形态造景：园景树，庭荫树，行道树，疏林草坪。

② 生态造景：寒地绿化，盐碱地、干旱贫瘠地、水湿地绿化，水体绿化，沙地绿化，防护林。

典型形态与习性

（18）馒头柳

拉丁学名 *Salix matsudana* Koidz cv. *Umbraculifera*

产地与分布 分布于中国东北、华北、西北、华东等地区。

形态特征

① 夏态特征：树冠广圆形。叶披针形，边缘有细腺锯齿，叶柄短，5～8毫米。雄花序圆柱形，轴有长毛；雌花序较短。果序长达2厘米，蒴果，种子具棉絮状冠毛。

② 冬态特征：树体高大，干皮暗灰黑色，有裂沟，小枝细长，直立或斜展生长，浅褐黄色或绿色。冬芽黄绿色，不饱满，长尖形，紧贴小枝条着生。

园林应用

① 形态造景：庭荫树，行道树，园景树，疏林草坪。

② 生态造景：寒地绿化，盐碱地、干旱贫瘠地、水湿地绿化，水体绿化，沙地绿化，防护林。

典型形态与习性

树形　　叶

（19）绦柳

拉丁学名　*Salix matsudana* Koidz cv. *Pendula*

产地与分布　产于中国东北、华北、西北、华东等地，多引种栽培为绿化树种。

形态特征

① 夏态特征：树冠倒广卵形。小枝绿色，细长下垂。叶狭披针形至线状披针形，先端渐长尖，缘有细锯齿，表面绿色，背面蓝灰绿色；叶柄长5～8毫米，托叶阔镰形，早落。雄花具2雄蕊，2腺体；雌花子房仅腹面具1腺体。花开于叶后，雄花序为葇荑花序，有短梗，略弯曲，长1～1.5厘米。果实为蒴果，成熟后2瓣裂，种子具棉絮状冠毛。

② 冬态特征：树体高大，干皮黑褐色，粗糙纵裂，小枝纤细，绿色，下垂生长，冬芽黄绿色，不饱满，长尖形，紧贴小枝条生长。

园林应用

① 形态造景：庭荫树，行道树，园景树，疏林草坪。

② 生态造景：寒地绿化，盐碱地、干旱贫瘠地、水湿地绿化，水体绿化，沙地绿化，防护林。

典型形态与习性

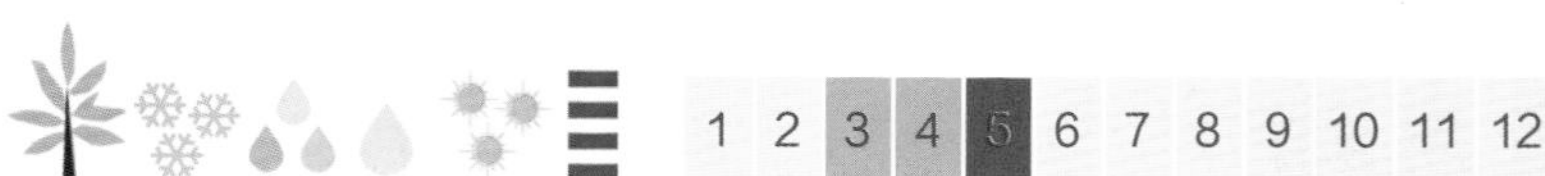

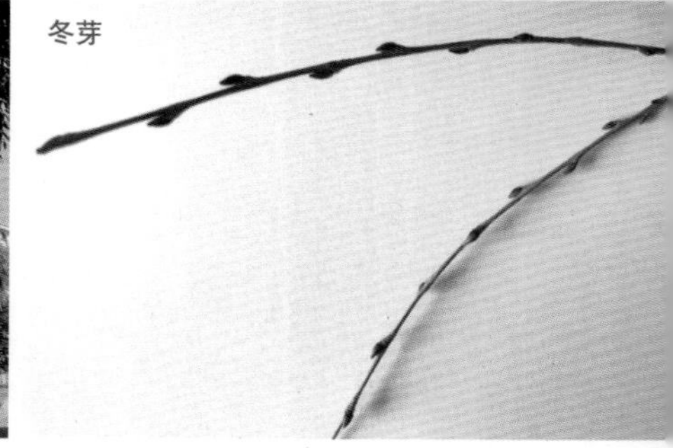

树形
叶
果
雄花序

五、胡桃科Juglandaceae

胡桃科特征：落叶乔木，小枝粗壮，羽状复叶，互生；无托叶。花单性同株，单被或无被；雄花葇荑花序；核果或坚果；种子无胚乳。

胡桃属*Juglans* L.

胡桃属特征：落叶乔木，稀灌木状；小枝较粗，髓心黑色，片状分隔；鳞芽。奇数羽状复叶，互生，无托叶，小叶对生，矩圆形，边缘细锯齿或全缘，基部歪斜不对称。花与叶同时开放；雄花为葇荑花序细长，下垂，果实核果或坚果。

（20）胡桃楸

拉丁学名　*Juglans mandshurica* Maxim

产地与分布　主产于中国东北东部山区，华北、内蒙古少量分布；俄罗斯、朝鲜、日本亦是产地，也有分布。

形态特征

① 夏态特征：树冠广卵形，树干皮干净光滑。小枝粗壮，幼时密被毛。奇数羽状复叶，小叶9～17，卵状矩圆形，长6～16厘米，缘有细齿，表面幼时有腺毛，后脱落，仅叶脉有星状毛，基部歪斜不对称。雌花序具花5～10朵；雄花序长约10厘米。核果卵形，顶端尖，有腺毛，具香气；果核长卵形，具8条纵脊。

② 冬态特征：树干皮光滑，灰色，小枝粗壮，小枝条及顶芽被毛，髓心黑色，片状分隔，冬芽呈莲花座形，新生枝上有明显叶痕与叶迹，叶痕似猴脸形，叶迹呈三束，散布于叶痕边缘，核果椭圆形，一端圆钝，一端尖锐，具8条纵脊。

园林应用

① 形态造景：庭荫树，园景树，疏林草坪，风景林。

② 生态造景：阳面绿化，防风林，宜土层深厚的山区栽植。

典型形态与习性

叶

果核

髓心

六、桦木科Betulaceae

桦木科特征：落叶乔木或灌木。干皮多具色彩。单叶互生；托叶早落。多奇数羽状复叶，小叶有齿。花无花被，雄花葇荑花序，雌花序球果状，顶生。小坚果有翅，膜质。

1. 桦木属*Betula* L.

桦木属特征：乔木或灌木树皮多光滑，多具色彩，纸质片状分层或块状剥落，皮孔横扁，幼枝常具密生透明油腺点，多为单叶，叶羽状脉，直达叶缘；托叶分离，早落。雄花为葇荑花序，生于一年枝顶或侧生。雌花序直立或下垂，圆柱状。坚果，扁平，两侧具膜质翅。

（21）白桦

拉丁学名　*Betula platyphylla* Suk.

产地与分布　主产于中国东北及华北高山地区，俄罗斯、朝鲜、日本亦有分布。

形态特征

① 夏态特征：高15～20米，树冠卵圆形。树皮幼时红褐色，老时白色，光滑，纸状分层剥落，具白粉；叶三角形、卵形或菱状卵形，先端渐尖，边缘有不规则重锯齿，侧脉5～8对，背面疏生油腺点，无毛或脉腋有毛，观秋叶；雄花序常成对顶生，果序圆柱形，单生于叶腋，下垂。

② 冬态特征：树干皮白色，纸质，干皮横向剥落，小枝紫红色，下垂生长，圆柱状果序下垂，较长，坚果，两端着生膜质的翅，幼龄苗干皮紫红色。

新品种资源　垂枝桦、红叶桦。

园林应用

① 形态造景：庭荫树、园景树、风景林、雪地造景、疏林草坪、秋季造景素材。

② 生态造景：阳面绿化，水湿地绿化，水体绿化，高寒地区绿化，插花材料。

典型形态与习性

1 2 3 4 5 6 7 8 9 10 11 12

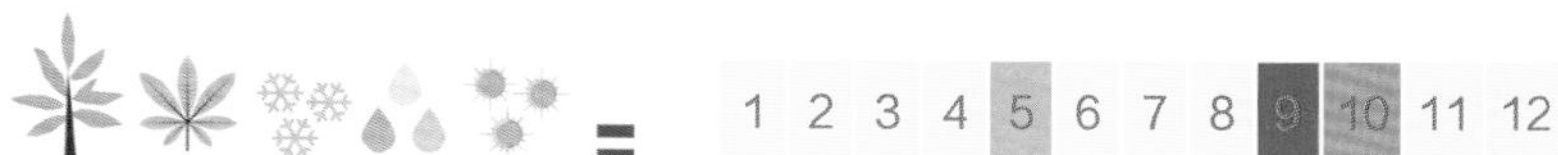

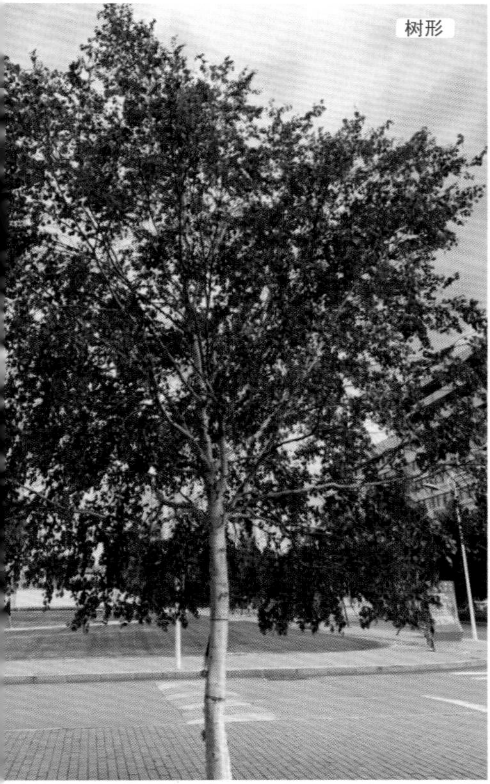

树形

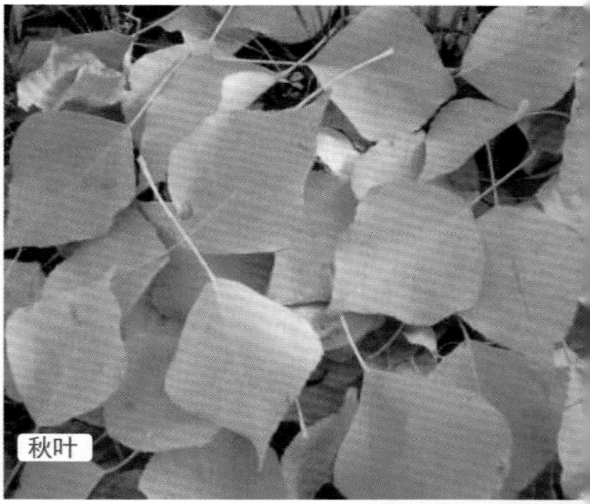

秋叶

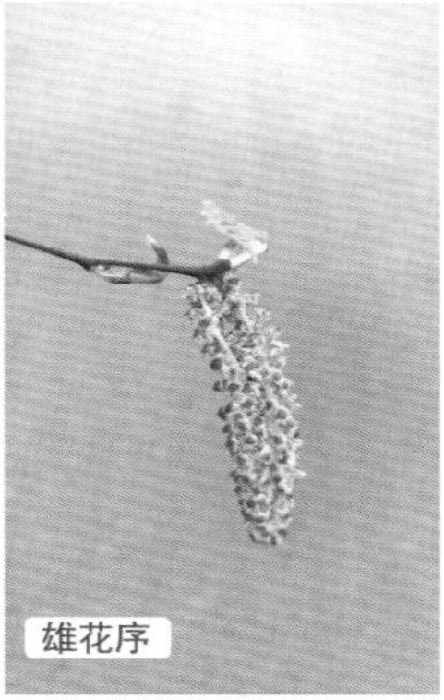

雄花序

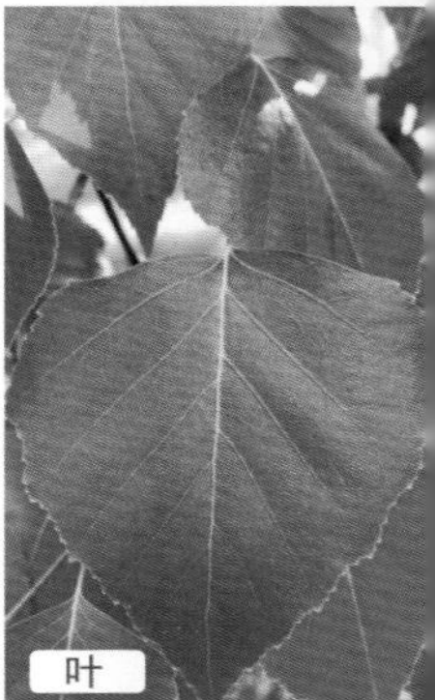

叶

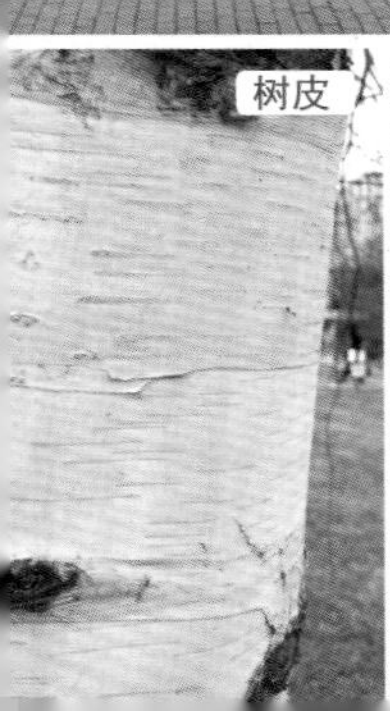

树皮

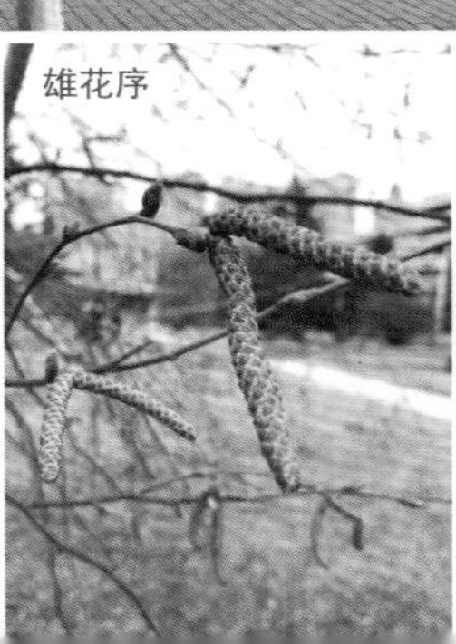

雄花序

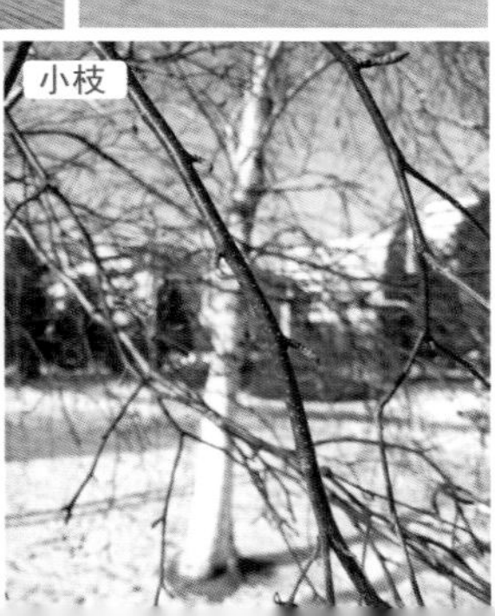

小枝

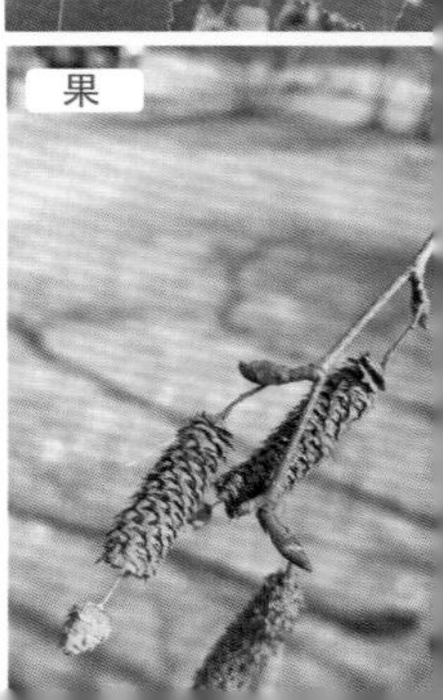

果

2. 榛属*Corylus* L.

榛属特征：落叶灌木或小乔木，树皮暗灰色、褐色或灰褐色，芽卵圆形，具多数覆瓦状排列的芽鳞。单叶互生，叶脉羽状，伸向叶缘，托叶膜质。花单性，雌雄同株；雄花序每2～3枚生于上一年的侧枝的顶端，雄花无花被，花丝短，花粉粒赤道面宽椭圆形；雌花序为头状；每个苞鳞内具2枚对生的雌花，具花被；花被顶端有4～8枚不规则的小齿；花柱2枚，果苞钟状或管状，坚果球形，种子1枚，子叶肉质。

（22）平榛

拉丁学名　*Corylus heterophylla* Fisch.

产地与分布　主要分布在中国东北大、小兴安岭，内蒙古，河北、山西和陕西等地亦有分布。

形态特征　最高可达7米，丛生。树皮灰褐色，1年生嫩枝上密生褐色毛。芽球形、卵形或长圆形，两侧稍扁平，鳞片暗红色，边缘有毛。叶倒卵形或矩圆形，顶端平截或凹缺，中央具三角形突尖。单性花，雌雄同株，雄花为葇荑花序，圆柱形，下垂。雌花着生于雄花序下方或枝顶，开花时常包在芽内，仅伸出2条鲜红色花柱。果实近球形，果苞钟状。

园林应用　生态造景：干旱贫瘠地造景。

经济价值　种子可食用、榨油及药用。木材坚硬致密，可供制做家具等。

典型形态与习性

雄花序
雄花序
果

（23）毛榛

拉丁学名　*Corylus mandshurica* Maxim.

产地与分布　主要分布在中国东北大、小兴安岭，内蒙古，河北以北等地。

形态特征　最高可达3～4米；小枝黄褐色，被长柔毛，芽卵圆形，深褐色，先端钝，密生灰色毛。叶宽卵形、矩圆形或倒卵状矩圆形，顶端骤尖或尾状，基部心形，边缘具不规则的粗锯齿，中部以上具浅裂或缺刻，上面疏被毛或近无毛，下面疏被短柔毛；叶柄疏被长柔毛及短柔毛。单性花，雌雄同株，雄花为葇荑花序。坚果近球形，果苞钟状或管状，外密被绒毛。

园林应用　生态造景：干旱贫瘠地造景。固土护坡、水土保持与改良、荒山绿化树种。

经济价值　种子可食用、榨油及药用。木材坚硬致密，可供制做家具等，木材碳化处理后，还可做活性炭。

典型形态与习性

果

叶

雄花序

七、山毛榉科Fagaceae

山毛榉科特征：落叶乔木。叶大型，多二列分生，叶缘有芒状锯齿。雄花为葇荑花序。坚果褐色。

栎属*Quercus* L.

栎属特征：常绿或落叶乔木，稀灌木。单叶互生，叶缘具锯齿、刺状锯齿或裂片，稀全缘。花单性，雌雄同株。果为具一种子的坚果，总苞片木质杯状。

（24）蒙古栎

拉丁学名　*Quercus mongolica* Fishch.

产地与分布　主要分布于中国东北、内蒙古、华北、西北各地，华中亦有少量分布；朝鲜、日本、蒙古及俄罗斯均有分布。

形态特征

① 夏态特征：单叶互生，倒卵形或倒卵状长圆形，先端钝或端渐尖，叶缘粗波状，羽状脉。雄花序生于新枝的叶腋，坚果卵形至长卵形，总苞片木质杯状。

② 冬态特征：干皮紫红色，叶片宿存，叶倒卵形，羽状脉，叶缘粗波状。坚果卵形至长卵形，生于木质杯状的总苞片内。

园林应用

① 形态造景：行道树，庭荫树，园景树，风景林。

② 生态造景：干旱贫瘠地绿化，荒山绿化，防护林。

典型形态与习性

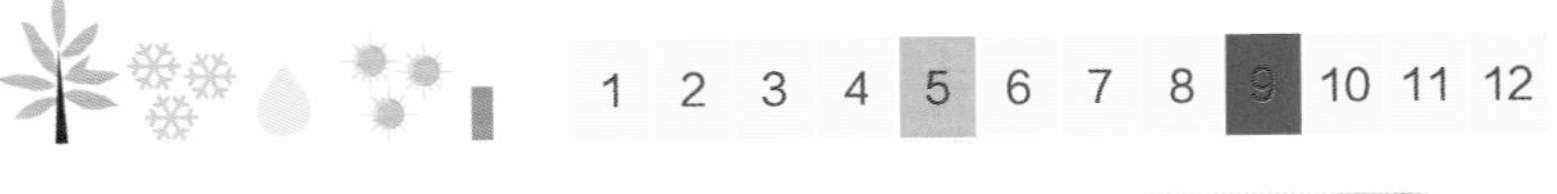

八、榆科Ulmaceae

榆科特征：落叶乔木或灌木。小枝细，常二列状；无顶芽。单叶互生，托叶早落，羽状脉，基部歪斜不对称。花小，单被花，单性或两性。翅果、坚果或核果。

榆属*Ulmus* L.

榆属特征：落叶乔木，稀灌木。小枝二列状；单叶互生，叶边缘多为重锯齿，羽状脉，基部常偏斜；托叶膜质，早落。花两性，簇生，翅果。

（25）榆树

拉丁学名　*Ulmus pumila* L.

产地与分布　产于中国东北、华北、西北及华东各地；朝鲜、蒙古及俄罗斯均有分布。

形态特征

① 夏态特征：叶卵状长椭圆形，长2～6厘米，先端尖，基部稍歪，缘有不规则之单锯齿，羽状脉。先花后叶，早春叶前开花，紫色圆球形，簇生于去年生枝上。翅果近圆形，种子位于翅果中部。

② 冬态特征：树皮暗灰色，粗糙纵裂，小枝灰色细长，二列状排列，先花后叶，花芽紫红色圆形，翅果近圆形。

新品种资源　垂枝榆，金叶榆。

园林应用

① 形态造景：庭荫树，园景树，行道树，绿篱。

② 生态造景：干旱贫瘠地绿化，盐碱地绿化，修剪造型素材。

典型形态与习性

1 2 3 4 5 6 7 8 9 10 11 12

（26）金叶榆

拉丁学名 *Ulmus pumila* cv. Jinye.

产地与分布 产于中国东北、华北、西北及华东各地；朝鲜、蒙古及俄罗斯均有分布。

形态特征 系榆树变种。叶片金黄色，有自然光泽；叶卵圆形，平均长3～5厘米、宽2～3厘米，比榆树叶片稍短；叶缘具锯齿，叶尖渐尖，羽状叶脉清晰。

园林应用

① 形态造景：园景树，彩叶绿篱。

② 生态造景：干旱贫瘠地绿化，盐碱地绿化，修剪造型素材。

典型形态与习性

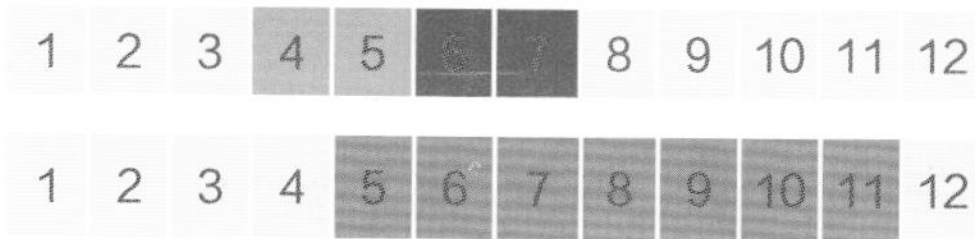

树形

叶

（27）垂枝榆

拉丁学名　*Ulmus pumila* L. var. *Pendula* (Kirchn.)

产地与分布　中国内蒙古、河南、河北、辽宁及北京等地栽培。

形态特征

① 夏态特征：高可达5米，树冠伞形，叶椭圆状卵形、长卵形或卵状披针形，先端渐尖或长渐尖，基部偏斜或近对称，叶面平滑无毛，叶背幼时有短柔毛，或部分脉腋有簇生毛，边缘有锯齿，羽状脉明显。花先叶开放，在去年生枝的叶腋成簇生状。翅果近圆形，初淡绿色，后白黄色。

② 冬态特征：小枝自然下垂并扭曲，小枝条排列成二列状，冬芽近球形或卵圆形，饱满，紫红色。

园林应用

① 形态造景：园景树，行道树。

② 生态造景：干旱贫瘠地绿化，盐碱地绿化，修剪造型素材。

典型形态与习性

1	2	3	4	5	6	7	8	9	10	11	12

九、桑科Moraceae

桑科特征：多乔木，树体常有乳汁。单叶互生，托叶早落。花小，单性同株或异株，头状花序、葇荑花序或隐头花序。小型瘦果或核果。

桑属*Morus*

桑属特征：落叶乔木，树冠倒广卵形。叶卵形或卵圆形，先端尖，基部圆形或心形，锯齿粗钝，幼树之叶有时分裂，表面光滑，有色泽，背面脉腋有簇毛。花雌雄异株。聚花果（桑葚）长卵形至圆柱形，熟时紫黑色、红色或白色，汁多味甜。花期4月份；果5～6（7）月份成熟。

（28）蒙古桑

拉丁学名　*Morus mongolica* Schneid.

产地与分布　多分布于中国东北、内蒙古、华北至华中及西南各地；朝鲜亦有分布。

形态特征　高可达5米，枝开展，小枝暗红色，老枝灰黑；冬芽卵圆形。叶广卵形或圆状卵形，先端尾状渐尖，基部心形，边缘不分裂，稀3～5裂。花单性，雌雄异株，葇荑花序腋生，下垂，雄花序穗状，早落，雌花花被片4。聚花果圆柱形，紫红色或近紫黑色。

新品种资源　圆叶蒙桑、尾叶蒙桑、马尔康桑。

园林应用

① 形态造景：园景树，庭荫树，行道树。

② 生态造景：干旱贫瘠地绿化，荒山绿化。

典型形态与习性

1	2	3	4	5	6	7	8	9	10	11	12

十、小檗科Berberidaceae

小檗科特征：多为灌木，小枝具刺。单叶或复叶，互生。花两性，整齐，单生或成总状花序、聚伞花序或圆锥花序。浆果或蒴果。

小檗属*Berberis* L.

小檗属特征：落叶或常绿灌木，小枝通常红褐色，有沟槽，通常具刺，单生或3～5分叉。单叶互生，叶倒卵形或匙形，先端钝，基部急狭，全缘，表面暗绿色，背面灰绿色。花浅黄色，1～5朵成簇生伞形花序。浆果椭圆形，长约1厘米，熟时亮红色。

（29）大叶小檗

拉丁学名　*Berberis amurensis* Rupr.

产地与分布　中国东北三省均有分布。

形态特征

① 夏态特征：高可达2米。小枝通常红褐色，有沟槽，枝节上生有三叉锐刺状的托叶刺。叶倒卵形近匙形，先端钝，基部急狭，全缘，表面暗绿色，背面灰褐色。1～5朵呈簇生伞形花序。浆果椭圆形，长约1厘米。观秋叶。

② 冬态特征：幼树干皮紫红色。枝有纵棱，枝节上生有三叉锐刺状的托叶刺。浆果宿存，长椭圆形。

园林应用

① 形态造景：观赏花灌木（观叶、观花、观果），彩叶篱，刺篱，布置专类园。

② 生态造景：干旱贫瘠地绿化，岩石园绿化。

典型形态与习性

（30）细叶小檗

拉丁学名　*Berberis poiretii*

产地与分布　产于中国东北三省，朝鲜、蒙古、俄罗斯亦有分布。

形态特征　高1米余，树皮灰褐色，小枝丛生，直立，有棱，紫红色，在短枝基部有不明显的三叉状托叶刺，中间刺最长。叶簇生于短枝上，倒披针形，边缘全缘，上面绿色，下面浅绿色，观秋叶。总状花序生于短枝端的叶丛中。浆果倒卵形，长约8毫米。

园林应用

① 形态造景：观赏花灌木（观叶、观花、观果），彩叶篱，刺篱，布置专类园。

② 生态造景：干旱贫瘠地绿化，岩石园绿化。

典型形态与习性

十一、木兰科Magnoliaceae

木兰科特征：乔木或灌木，干皮干净光滑。单叶互生，全缘；托叶有或无。花两性或单性。蓇葖果、蒴果或浆果。

木兰属*Magnolia* L.

木兰属特征：落叶或常绿乔木、灌木或藤本；单叶互生，具细叶柄，全缘或边缘有尖锐的小锯齿；无托叶。花单性，雌雄异株或同株，单生于叶腋。蓇葖果、蒴果或浆果，稀为带翅坚果。

（31）天女木兰

拉丁学名　*Magnolia sieboldii* Koch

产地与分布　中国黑龙江、辽宁、吉林均有分布。

形态特征　树干皮干净光滑，颜色较浅。裸芽披针形，被细柔毛。叶宽倒卵形或椭圆形状倒卵形，膜质，光滑无毛，花在枝条上与叶对生，花大形，杯状，芳香，雄蕊花药红色，蓇葖果卵形，先端有长尖。

新品种资源　重瓣天女花。

园林应用

① 形态造景：庭荫树，园景树，布置百花园、香花园、夜花园的素材。

② 生态造景：园林中立地环境条件好、小环境中应用。

典型形态与习性

花枝
果
叶
花

十二、虎耳草科Saxifragaceae

虎耳草科特征：小乔木或灌木，偶见攀缘状。叶互生或对生，稀轮生，单叶，稀复叶。花两性。蒴果或浆果。

山梅花属 *Philadelphus*

山梅花属特征：落叶灌木。枝具白色髓心；茎皮通常脱落。单叶对生，基部3～5主脉，全缘或有齿；无托叶。花白色，常成总状花序，或聚伞状，稀为圆锥形；萼片、花瓣各4，蒴果，4瓣裂。

（32）东北山梅花

拉丁学名　*Philadelphus schrenkii*

产地与分布　产于中国小兴安岭、完达山脉、长白山及辽宁东部。

形态特征　树皮褐色，薄片状剥落；小枝较细，分枝多数，小枝幼时密生柔毛，后渐脱落。叶卵形至卵状长椭圆形，叶缘具细尖齿，表面疏生短毛，背面密生柔毛，脉上毛尤多，离基三出脉。花外有柔毛，花柱无毛；5～7（11）朵成总状花序。蒴果四裂，奖杯状。

新品种资源　堇叶山梅花。

园林应用

① 形态造景：观赏花灌木，缀花草坪，布置百花园、夜花园素材。

② 生态造景：寒地绿化、林内林缘配植。

典型形态与习性

树形
分枝
叶
叶背三出脉
花
果
花枝

十三、蔷薇科Rosaceae

蔷薇科特征：草本或木本，有刺或无刺，单叶或复叶，互生（鸡麻对生），常有托叶，花两性，单生或成各种花序，花基数5，雄蕊多数，果实为蓇葖果、核果、梨果、蔷薇果，分4亚科，中国约50属，1000余种，广布各地，以北温带居多，为园林、园艺上重要的一科。

（一）绣线菊亚科 Spiraeoideae

1. 绣线菊属*Spiraea* L.

绣线菊属特征：落叶灌木。单叶互生，叶缘有齿或裂；无托叶。花小，呈伞形、伞形总状、复伞房或圆锥花序。蓇葖果，无翅。

（33）金山绣线菊

拉丁学名　*Spiraea* ×*bunmalba* cv. Goldmound

产地与分布　为杂交种，原产于北美，中国黑龙江省哈尔滨市及北方部分城市现有引种与栽培。

形态特征　高0.4～0.6米，枝条黄褐色，叶卵形至卵状椭圆形，伞房花序，小花密集，蓇葖果多数，在北方栽培有一定结实能力。

园林应用

① 形态造景：观赏花灌木，缀花草坪，彩色地被植物，彩色绿篱。

② 生态造景：岩石园绿化，干旱贫瘠地绿化。

典型形态与习性

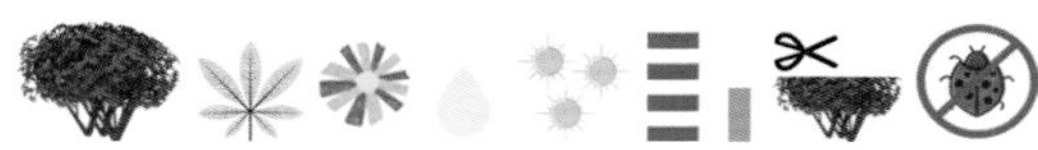

1	2	3	4	5	6	7	8	9	10	11	12

树形

叶

花

花

叶

枝

（34）金焰绣线菊

拉丁学名　*Spiraea* ×*bunmalba* cv. Goldflame

产地与分布　为杂交种，原产于北美，现中国北京、沈阳、哈尔滨等地均有引种与栽培。

形态特征　高0.4～0.6米，冠幅不足0.5米，树冠上部叶片橙红色，下部叶片黄绿色，叶卵形至卵状椭圆形，缘有细尖齿，两面无毛。伞房花序，小花密集。蓇葖果多数，在北方有一定结实能力。

园林应用

① 形态造景：观赏花灌木，缀花草坪，彩色地被植物，彩色绿篱。

② 生态造景：干旱贫瘠地绿化，盐碱地绿化，岩石园绿化。

典型形态与习性

（35）珍珠绣线菊

拉丁学名　*Spiraea thunbergii* Sieb

产地与分布　原产于中国华东地区，东北地区及哈尔滨市等城市有引种与广泛栽培。

形态特征　高1.5米，枝条褐色，细长，弓形。单叶互生，叶条状披针形，先端长渐尖，基部窄楔形，叶缘自中部以上具尖锯齿，无毛；冬芽甚小，卵形，观秋色叶。伞形花序无总梗，花3～7朵聚生，基部簇生小叶。蓇葖果不育。

园林应用

① 形态造景：观赏花灌木，缀花草坪，秋季造景素材，花篱、彩叶篱，布置百花园、夜花园素材，插花素材。

② 生态造景：岩石园绿化，坡地绿化等。

③ 人文造景：别名笑靥花，缀花于绿草坪上，宛如朵朵笑靥绽放，景观含蓄唯美。

典型形态与习性

1 2 3 4 5 6 7 8 9 10 11 12

枝

叶

绿篱

花

秋叶

（36）柳叶绣线菊

拉丁学名　*Spiraea Salicifolia* L.

产地与分布　产于中国东北、内蒙古及河北等地。现分布广泛。

形态特征　高1～2米，丛生。小枝纤细，稍有棱角，黄褐色。单叶互生，叶长圆状披针形或披针形，长4～8厘米，宽1～2.5厘米，先端突尖或渐尖，叶缘具锐锯齿，两面无毛。圆锥花序，生于当年生长枝顶端，长圆形或金字塔形，长6～13厘米；花密生，蓇葖果多数。

园林应用

① 形态造景：观赏花灌木，花篱，北方稀少的夏秋花观赏树种，夏秋季造景。

② 生态造景：干旱贫瘠地绿化，水湿地、水体、堤坝景观绿化素材。

典型形态与习性

1 2 3 4 5 6 7 8 9 10 11 12

（37）粉花绣线菊（日本绣线菊）

拉丁学名　*Spiraea japonica* L. f.

产地与分布　原产于日本，中国华东、东北广泛引种与栽培。

形态特征　高1.0米。枝光滑，细长，开展，或幼时具细毛。叶卵形至卵状长椭圆形，先端渐尖或急尖，叶缘有缺刻状重锯齿，叶背灰蓝色，脉上常有短柔毛；花合聚于有短柔毛的复伞房花序上；雄蕊较花瓣为长。蓇葖果多数。

新品种资源　狭叶粉花绣线菊、大粉花绣线菊。

园林应用

① 形态造景：观赏花灌木，花篱，彩色地被，百花园绿化。北方稀少的夏花观赏树种，夏季造景。

② 生态造景：干旱贫瘠地绿化，岩石园绿化。

典型形态与习性

1	2	3	4	5	6	7	8	9	10	11	12

（38）毛果绣线菊

拉丁学名　*Spiraea trichocarpa* Nakai

产地与分布　中国黑龙江省哈尔滨市有引种栽培，辽宁、内蒙古也有分布。朝鲜也有分布与栽培。

形态特征　高2米，小枝灰褐色至暗红色，具棱；冬芽长卵形，叶卵圆形或倒卵状圆形，基部楔形，先端钝或稍尖，两面无毛；花枝上的叶全缘，营养枝上的叶先端有齿裂。萼片三角形，复伞房花序，有黄色柔毛，沿枝条密集分布，形成线性花相，开花枝弯曲。蓇葖果多数，宿存。

园林应用

① 形态造景：观赏花灌木，缀花草坪，布置百花园、夜花园素材。

② 生态造景：干旱贫瘠地绿化，岩石园绿化，自然式花篱。

典型形态与习性

1	2	3	4	5	6	7	8	9	10	11	12

（39）华北绣线菊

拉丁学名　*Spiraea fritschiana* Schneid

产地与分布　原产于中国华北及江浙地区，东北地区及哈尔滨市有广泛引种与栽培。

形态特征　高1～2米，枝条粗壮，小枝具明显棱角，有光泽，浅褐色；冬芽卵形。叶卵形、椭圆形或椭圆状长圆形。复伞房花序顶生于当年生新枝上，多花，沿枝条开放，无毛。蓇葖果多数宿存。

园林应用

① 形态造景：观赏花灌木，缀花草坪景观，布置百花园、夜花园素材。

② 生态造景：干旱贫瘠地绿化，岩石园绿化，自然式绿篱。

典型形态与习性

1　2　3　4　5　6　7　8　9　10　11　12

2. 珍珠梅属*Sorbaria* A. Br

珍珠梅属特征：落叶乔木；小枝圆筒形；芽卵圆形，叶互生，奇数羽状复叶，具托叶；小叶边缘有锯齿；花小、白色，呈顶生的大型圆锥花序。

（40）东北珍珠梅

拉丁学名　*Sorbaria kirilowii* (Rrg.) Maxim.

产地与分布　产于中国东北地区，俄罗斯、蒙古、日本及朝鲜亦有分布。

形态特征　高2米，发枝力强，枝条多数，奇数羽状复叶，小叶片披针形，质薄，边缘锯齿，圆锥花序顶生，有异味。蓇葖果长圆形多数，萼片宿存，反折，稀开展；果梗直立。

园林应用

① 形态造景：观赏花灌木，缀花草坪，自然式绿篱、花篱，北方稀少的夏花观赏树种，夏季造景。切花素材。

② 生态造景：阴面阴影区绿化，林内林缘配植，荒山、风景区绿化，岩石园绿化。

典型形态与习性

1	2	3	4	5	6	7	8	9	10	11	12

冬果宿存
叶
树形

（二）苹果亚科 Maloideae

1. 山楂属 *Crataegus* L.

山楂属特征：落叶小乔木或灌木，通常有锐利枝刺。羽状裂叶互生，有齿或裂；托叶较大。花白色，少有红色，呈顶生伞房花序。果实梨果状，多具鲜艳色彩。

（41）山楂（山里红）

拉丁学名　*Crataegus pinnatifida* Bunge

产地与分布　在山东、陕西、山西、河南、江苏、浙江、辽宁、吉林、黑龙江、内蒙古、河北等地均有分布。

形态特征

① 夏态特征：叶片宽卵形或三角状卵形，通常具3～5羽状深裂片，裂片边缘有尖锐稀疏不规则重锯齿，上面暗绿色有光泽，下面沿叶脉有疏生短柔毛；托叶镰形，边缘有锯齿。伞房花序具多花，花瓣近圆形。果实近球形或梨形，有浅色斑点，梨果。

② 冬态特征：树皮粗糙，暗灰色或灰绿色；幼枝青绿色，上有锐利的枝刺；小枝圆柱形，当年生枝紫褐色，无毛或近于无毛，疏生皮孔，老枝灰褐色；冬芽三角卵形，先端圆钝，无毛，紫色。

园林应用

① 形态造景：观花观果树种，庭荫树，园路树。

② 生态造景：寒地绿化，干旱贫瘠地绿化。

典型形态与习性

1 2 3 4 5 6 7 8 9 10 11 12

树形
花蕾
果
枝刺
冬芽
花

2. 花楸属 *Sorbus* L.

花楸属特征：落叶乔木或灌木。叶互生，有托叶，单叶或奇数羽状复叶，叶有锯齿。花白色，罕为粉红色，呈顶生复伞房花序，果实梨果状，多具鲜艳色彩。

（42）百花花楸

拉丁学名 *Sorbus pohuashanensis* (Hante) Hedl.

产地与分布 产于中国东北、华北至甘肃一带。

形态特征

① 夏态特征：枝条较粗壮，奇数羽状复叶，小叶通常对生，卵圆形，全缘，托叶针形，早落。花小，两性，复伞房花序顶生，梨果，果先黄后红。

② 冬态特征：幼树干皮黄褐色或红褐色，成年树干皮红紫色。冬芽密被灰白色绒毛，状如毛笔。宿存复伞房果序。梨果近球形。

园林应用

① 形态造景：庭园树，园景树，风景林，冬季观果，雪地造景。

② 生态造景：阴面阴影区绿化，林内林缘配植，水湿地、水体绿化。

典型形态与习性

1 2 3 4 5 6 7 8 9 10 11 12

果

花蕾

树形
果
花
果
叶
冬芽

3. 苹果属*Malus* Mill

苹果属特征：落叶乔木或灌木。单叶互生，叶有锯齿或缺裂，有托叶。花白色、粉红色或紫红色，呈伞形总状花序。梨果多具鲜艳色彩。

（43）山丁子

拉丁学名　*Malus baccata* Borkh.

产地与分布　产于中国辽宁、吉林、黑龙江、内蒙古、河北、山西、山东、陕西、甘肃，也分布于蒙古、朝鲜、俄罗斯等地。

形态特征

① 夏态特征：树高可达10米。叶片椭圆形，先端渐尖，基部楔形，叶缘锯齿细锐。伞形总状花序。花基部有长柔毛。4～6朵花集生在短枝顶端。梨果近球形。

② 冬态特征：树高可达10米。树冠广圆形，新枝黄褐色或绿色微带红褐色，老枝暗褐色；冬芽卵形，先端渐尖，鳞片边缘微具绒毛，红褐色。

园林应用

① 形态造景：庭荫树，园景树，行道树，疏林草坪，风景林。

② 生态造景：干旱贫瘠地绿化，工厂、工矿区绿化，建筑杂填区、荒山绿化。

典型形态与习性

树形
叶
冬果
花
盛花（效果）
果

（44）海棠

拉丁学名　*Malus spectabilis* (Ait.) Borkh.

产地与分布　原产于中国北部地区，华北、华东各地园林中广为应用和栽培。

形态特征　高可达8米，小枝粗壮，圆柱形，冬芽卵形，先端渐尖，微被柔毛，紫褐色，有数枚外露鳞片。单叶互生，叶柄较长。花小，两性，花序顶生。梨果。

新品种资源　重瓣紫海棠，重瓣白海棠，多花海棠。

园林应用

① 形态造景：庭荫树，园景树，疏林草坪。

② 生态造景：干旱贫瘠地绿化，岩石园绿化。

典型形态与习性

果

花

叶

花

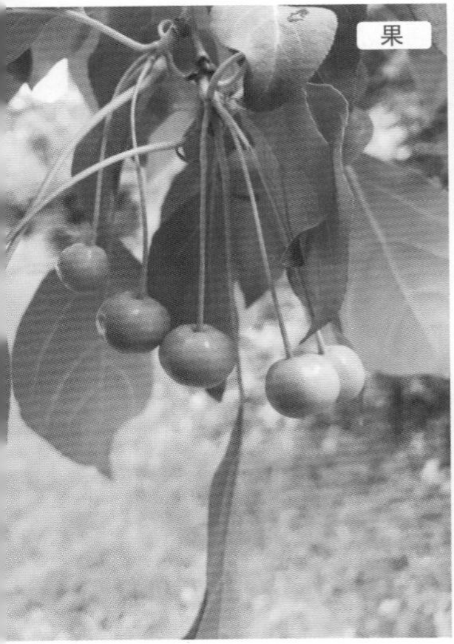

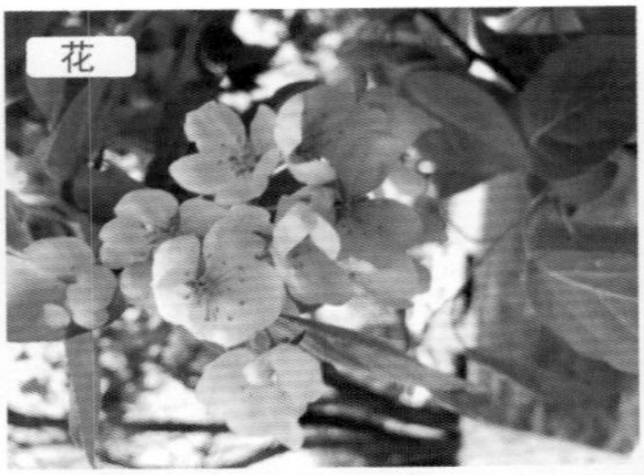

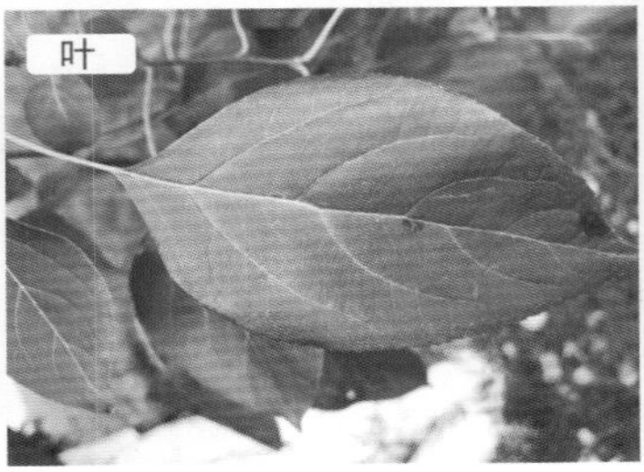

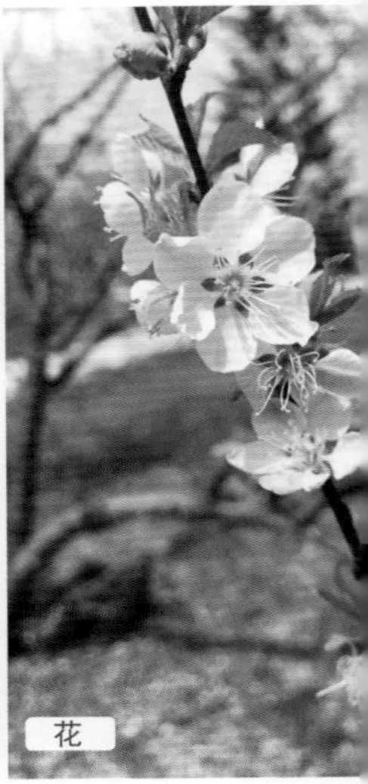

（45）王族海棠

拉丁学名　*Malus asiatica* var. *royal*

产地与分布　原产于美国，中国东北、西北、华北、华南均有栽培。

形态特征　株高可达6米，干皮紫红色，小枝暗紫色或紫红色，光滑。单叶互生，叶长椭圆形，长5～8厘米，宽3～5厘米，先端渐尖，基部楔形，叶缘具尖锐锯齿，叶片上有金属般的光亮，叶腋生，开花繁密而艳丽，梨果。

园林应用

① 形态造景：庭荫树，园景树，疏林草坪。

② 生态造景：干旱贫瘠地绿化，盐碱地绿化，工厂、工矿区绿化。

典型形态与习性

4. 梨属*Pyrus* L.

梨属特征：落叶乔木，具锐利枝刺，单叶互生，有较长叶柄，叶缘多锯齿，有托叶。花叶同放或花先叶开放，伞形或总状花序，花白色，粉红色。梨果一般大型，多具鲜艳色彩。

（46）花盖梨

拉丁学名　*Pyrus ussuriensis* Maxim

产地与分布　产于中国东北、华北、西北各地，蒙古及朝鲜也有分布。

形态特征

① 夏态特征：高可达15米，树冠宽广。叶卵形至宽卵形，叶缘睫毛状锯齿，花序紧密，花瓣倒卵形或广卵形，花药紫黑色，梨果近球形。

② 冬态特征：乔木，高可达15米，树冠宽广。干皮多绿褐色，小枝粗壮，老时灰褐色，光滑无毛，枝条上具锐利枝刺；冬芽饱满，卵形，芽鳞边缘微具毛或近无毛。

园林应用

① 形态造景：行道树，园景树，庭荫树，疏林草坪，风景林。

② 生态造景：干旱贫瘠地绿化，盐碱地绿化，工厂、工矿区绿化，荒山绿化，开展抗性育种材料。

③ 人文造景：素有“千树万树梨花开”的繁花景象，是城市园林中营造风景林景观的首选素材。

典型形态与习性

1 2 3 4 5 6 7 8 9 10 11 12

树形
叶
枝条皮刺
花
果

（三）蔷薇亚科 Rosoideae

1. 蔷薇属*Rosa* L.

蔷薇属特征：落叶或常绿灌木；茎直立或攀缘，常有皮刺。叶互生，奇数羽状复叶。花两性，整齐，单生或为伞房、总状花序。蔷薇果具鲜艳色彩。

（47）玫瑰

拉丁学名 *Rose rugosa* Thunb.

产地与分布 原产于中国北部，现中国各地广泛栽培。

形态特征 高达2米，茎枝灰褐色，密生刚毛与倒钩皮刺，枝条上具尖锐皮刺，枝条基部密生刚毛。奇数羽状复叶，椭圆形或椭圆状倒卵形，缘有钝齿，质厚，托叶大部分附着于叶柄上。花单生或数朵聚生，芳香。蔷薇果扁球形，具宿存萼片。

新品种资源 紫玫瑰、红玫瑰、白玫瑰、重瓣紫玫瑰、重瓣白玫瑰，黄玫瑰。

园林应用

① 形态造景：著名观赏花灌木，缀花草坪，布置百花园、夜花园、芳香园、专类园素材，切花材料。

② 生态造景：干旱贫瘠地绿化，岩石园绿化，刺篱、花篱。

③ 人文造景：玫瑰是热烈真挚的爱情使者，在园林中能营造浪漫唯美的氛围。

典型形态与习性

1	2	3	4	5	6	7	8	9	10	11	12

枝条皮刺
叶

（48）黄刺玫

拉丁学名 *Rose xanthina* Lindl

产地与分布 中国东北三省均有分布。

形态特征 分枝多数，枝条紫红色，枝条上有硬直皮刺，紫红色，皮刺基部扩大，呈三角形，奇数羽状复叶，叶片小卵圆形，花单生，重瓣或半重瓣，倒卵形，蔷薇果球形。

园林应用

① 形态造景：观赏花灌木，缀花草坪，刺篱、花篱。

② 生态造景：干旱贫瘠地绿化，岩石园绿化，假山山石绿化、山体绿化，工厂、工矿区绿化，道路分车带绿化，花篱、刺篱。

典型形态与习性

树形 叶 花

盛花（效果） 皮刺 果

（49）刺玫蔷薇

拉丁学名　*Rose davurica* Pall.

产地与分布　中国东北三省均有自然分布与栽培应用。

形态特征　枝条蔓生，近水平生长，枝条红褐色，新生枝条绿色，枝条上有锐利皮刺，皮刺倒钩形。奇数羽状复叶，叶卵圆形，花单1或2～3朵并生，芳香，全缘。

园林应用

① 形态造景：观赏花灌木，缀花草坪，坡地、山岩配植，假山、山体绿化。北方稀少的夏花观赏树种，夏季造景。

② 生态造景：阴面阴影区绿化，干旱贫瘠地绿化，岩石园绿化，荒山绿化，工厂、工矿区绿化。

典型形态与习性

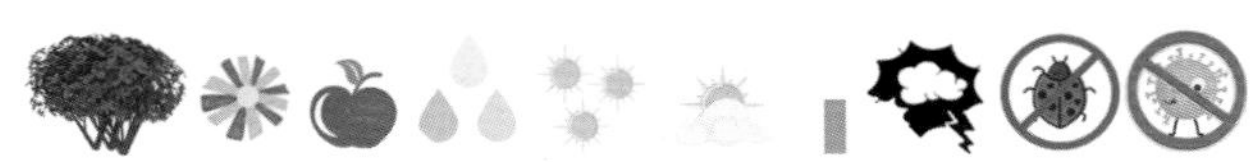

1 2 3 4 5 6 7 8 9 10 11 12

花　皮刺　叶

2. 金露梅属*Dasiphora*

金露梅属特征：落叶小灌木。复叶，托叶连于叶柄并成鞘状。花单生或顶生，聚伞花序。

（50）金露梅（金老梅）

拉丁学名　*Dasiphora fruticosa* Rydb

产地与分布　原产于中国北部及西部地区。

形态特征　高可达1.5米。树干皮片状纵向剥落。多分枝，小枝红褐色或褐色。奇数羽状复叶，小叶片卵状披针形，被毛，质薄。聚伞花序顶生，单瓣。瘦果卵圆形，密生长柔毛。

新品种资源　银露梅（银老梅）。

园林应用

① 形态造景：观赏花灌木，缀花草坪，自然式花篱，北方园林中稀少的夏秋花种类，夏秋季造景素材。

② 生态造景：干旱贫瘠地绿化，岩石园绿化，风景区绿化，荒山绿化，工厂、工矿区绿化，山岩、山体绿化。

典型形态与习性

（51）银露梅（银老梅）

拉丁学名　*Dasiphora fruticosa* Rydb var. *davurica* Ser.

产地与分布　原产于中国北部及西部。

形态特征　高1米左右。多分枝，小枝条纤细，奇数羽状复叶，小叶片卵状披针形，质薄，小叶叶表疏生丝状毛；托叶褐色，具膜质缘，顶具丛毛。花单生，单瓣；萼片广卵形；副萼小，倒卵形；总苞常椭圆形。瘦果卵圆形，密生长柔毛。

园林应用

① 形态造景：观赏花灌木，缀花草坪，自然式花篱，北方园林中稀少的夏秋花种类，夏秋季造景素材。

② 生态造景：干旱贫瘠地绿化，岩石园绿化，风景区绿化，荒山绿化，工厂、工矿区绿化，山岩、山体绿化。

典型形态与习性

1 2 3 4 5 6 7 8 9 10 11 12

3. 悬钩子属*Rubus* Linn.

悬钩子属特征：落叶或常绿灌木或草本状灌木，直立或蔓生，有刺或刺毛。叶互生，羽状或掌状裂叶；有叶柄和托叶，稀无托叶。花两性，稀单性异株。浆果状聚合果。

（52）蓬垒悬钩子

中文学名　蓬垒悬钩子

拉丁学名　*Rubus crataegifolius* Bge.

产地与分布　中国东北三省均有分布。

形态特征　枝条红色，具锐利皮刺。冬芽卵圆形。单叶，互生，叶卵形，具3～5裂片，中央裂片较大，两侧裂片较小，叶缘有锯齿，叶柄叶背有刺。花数朵簇生或呈伞房花序，单瓣。聚合果近指环形，有光泽，可食。

园林应用

① 形态造景：观赏花灌木，缀花草坪。

② 生态造景：林缘绿化与配植。

典型形态与习性

1　2　3　4　5　6　7　8　9　10　11　12

花
果
果
花

（四）李亚科 Prunoideae

李亚科特征：乔木或灌木。单叶互生，有托叶。花多单瓣，雄蕊多数。核果。

李属*Prunus* L.

李属特征：乔木或灌木。叶互生，单叶，叶缘有锯齿，托叶小，脱落。花两性，单生、簇生，少聚成总状花序或伞房状花序。果为核果，多具鲜艳色彩。

（53）李子

中文学名　李子

拉丁学名　*Prunus salicina* Lindl.

产地与分布　中国东北、华北、华东、华中均有分布。

形态特征

①夏态特征：叶倒卵状椭圆形或倒卵状披针形，托叶早落。花常3朵簇生，先花后叶，花单瓣，花瓣倒卵状椭圆形。核果球形，卵球形、心脏形或近圆锥形，呈紫黑色、粉色，果核卵形，有皱纹。

②冬态特征：干皮光滑，有长短枝，花芽簇生，呈饱满的圆球形。

园林应用

①形态造景：园景树，春季造景素材，疏林草坪，百花园、夜花园绿化素材。

②生态造景：干旱贫瘠地绿化，盐碱地绿化。

③人文造景：在园林中借用“桃李满天下”之寓意，营造育人文化与氛围。

典型形态与习性

1	2	3	4	5	6	7	8	9	10	11	12

叶
花
花芽
果

（54）紫叶李

拉丁学名　*Prunus cerasifera* Ehrh. cv. *Atropurpurea* Jacq.

产地与分布　中国南部、华北地区均有分布，亚洲广泛分布。

形态特征　高达8米，主干紫红色，小枝光滑，暗红色。叶卵形至倒卵形，端尖。叶基圆形，叶缘重锯齿，背面中脉基部有柔毛。花单瓣，常沿枝条单生，先花后叶。核果球形。

新品种资源　黑紫叶李“Nigra”、红叶李“Newportii”、矮生紫叶李。

园林应用

① 形态造景：园景树，春季造景素材，彩色叶素材，疏林草坪景观素材，布置百花园绿化素材。

② 生态造景：工厂、工矿区绿化，干旱地、盐碱地绿化素材。

典型形态与习性

1	2	3	4	5	6	7	8	9	10	11	12
1	2	3	4	5	6	7	8	9	10	11	12

小枝

果

攵果）
树形
花

（55）榆叶梅

拉丁学名 *Prunus triloba* Lindl.

产地与分布 原产于中国北部，黑龙江、河北、山西、山东、江苏、浙江等地均有分布。

形态特征

① 夏态特征：多分枝，小枝细，多弯曲，无毛或幼枝稍有柔毛，枝条多呈紫红色。叶宽卵形至倒卵圆形，边缘具粗重锯齿，羽状脉明显；花瓣倒卵形或近卵形，单瓣或重瓣，沿枝条开放，先花后叶。果实近球形，被毛，核具厚壳，表面有皱纹。

② 冬态特征：多分枝，小枝细，多弯曲，无毛或幼枝稍有柔毛，枝条多呈紫红色，花芽密集簇生，圆球形，枝条上多残留圆球形核果。

新品种资源 ‘鸾枝’、单瓣榆叶梅、复瓣榆叶梅、重瓣榆叶梅、截叶榆叶梅。

园林应用

① 形态造景：观赏花灌木，早春观花树种，道路分车带绿化树种，切花素材。

② 生态造景：干旱贫瘠地绿化，盐碱地绿化，工厂、工矿区绿化。

典型形态与习性

1	2	3	4	5	6	7	8	9	10	11	12

树形
叶
花
果

（56）毛樱桃

拉丁学名　*Prunus tomentosa* Thunb

产地与分布　原产于中国北部，黑龙江、河北、山西、山东、江苏、浙江等地均有分布。

形态特征

① 夏态特征：多分枝，小枝细，多直展，多毛或幼枝被柔毛。叶倒卵形至宽圆形，叶缘具不整齐锯齿，被毛，羽状脉明显，托叶线形。花单瓣，沿枝条开放，花瓣矩圆形，先叶开放或与叶同时开放。核果球形，可食，果核球形或椭圆形。

② 冬态特征：多分枝，小枝细，多直展，幼枝被柔毛，花芽密集簇生，长尖形。

新品种资源　白果毛樱桃。

园林应用

① 形态造景：园景树，春季造景素材，观果园素材，切花素材。

② 生态造景：干旱贫瘠地绿化，盐碱地绿化。

典型形态与习性

1	2	3	4	5	6	7	8	9	10	11	12

花
叶
果
果
花芽

（57）东北杏

拉丁学名 *Prunus mandshurica* L.

产地与分布 中国东北、华北、西北、西南及长江中下游各省均有分布。

形态特征

① 夏态特征：单叶，叶卵状椭圆形或长圆状卵形，先端渐尖，基部楔形，叶缘有锯齿；叶柄紫红色，其上具一对腺点，被短柔毛，托叶早落。花单瓣，单生，沿枝条开放，先花后叶。核果球形，可食。基部稍倾斜。

② 冬态特征：高可达15米。树皮暗灰色或灰黑色，干茎常具木栓皮。小枝淡绿色，具钝枝刺，冬芽卵圆形或椭圆状卵形。花芽密集簇生。

新品种资源 垂枝杏、斑叶杏、山杏。

园林应用

① 形态造景：园景树，庭荫树，风景林。

② 生态造景：干旱贫瘠地绿化，荒山绿化，盐碱地绿化，城市广场绿化。

典型形态与习性

1	2	3	4	5	6	7	8	9	10	11	12

树形
花
花蕾
果
叶
冬芽

（58）京桃

拉丁学名　*Prunus persica* f. *rubro-plena*

产地与分布　原产于中国，分布在西北、华北、华东、西南等地。

形态特征　最高可达10米，主干分枝点较低，冠形开展。树皮红褐色，略有光泽；单叶互生，条状披针形，缘具细齿，先端尖锐，长8～12厘米，基部宽2～3厘米；花瓣仅5枚；核果椭圆形，被毛，自然脱落。

园林应用

① 形态造景：园景树，庭荫树，行道树，观春花种类，疏林草坪，风景林。

② 生态造景：干旱贫瘠地绿化，荒山绿化，盐碱地绿化，城市广场绿化。

典型形态与习性

1	2	3	4	5	6	7	8	9	10	11	12

果

白花

叶
树皮
粉花
树形

（59）稠李

拉丁学名　*Prunus padus* L.

产地与分布　分布于中国东北、河北、河南、山西、陕西、甘肃、内蒙古等地。

形态特征

① 夏态特征：叶椭圆或倒卵状圆形，叶柄紫红色，叶柄上具一对腺点。总状花序叶腋生，多花。核果黑色或紫黑色，近球形，可食。

② 冬态特征：树干皮灰黑色，树干上有明显潜伏芽，冬芽细尖形，不饱满，物候期早。

新品种资源　毛叶稠李、紫叶稠李。

园林应用

① 形态造景：园景树，庭荫树，观春花种类、观秋叶树种，疏林草坪，风景林。

② 生态造景：阴面阴影区绿化，水湿地绿化，水边绿化。

典型形态与习性

1	2	3	4	5	6	7	8	9	10	11	12

树形
冬芽
果
树皮

（60）紫叶稠李

拉丁学名　*Prunus virginiana* Canada Red

产地与分布　早期中国北京植物园有引种栽培，现在东北地区广泛引种栽培。

形态特征　高7米左右。小枝褐色。新叶绿色，后变紫色，叶背灰绿色。呈下垂的总状花序。果红色，后变紫黑色。

园林应用

① 形态造景：常色叶树种，园景树，疏林草坪。

② 生态造景：阴面绿化，阴影区绿化，水湿地绿化。

典型形态与习性

1	2	3	4	5	6	7	8	9	10	11	12
1	2	3	4	5	6	7	8	9	10	11	12

（61）山桃稠李

拉丁学名　*Prunus maackii* (Rupr.) Kom

产地与分布　分布于中国东北、华北、西北等地。

形态特征　高4～10米。树皮光滑，呈横向片状剥落，剥落的周皮呈膜质，透明状，主干上往往有潜伏芽。冬芽卵圆形，无毛或在鳞片边缘被短柔毛。叶片椭圆形、菱状卵形，叶缘有不规则锐锯齿，叶背被紫褐色腺体。总状花序，多花密集，基部无叶；花瓣长圆状倒卵形。核果近球形，紫褐色，无毛。

园林应用

① 形态造景：园景树，庭荫树，疏林草坪，风景林。

② 生态造景：阴面阴影区绿化，水湿地绿化，水边绿化。

典型形态与习性

1 2 3 4 5 6 7 8 9 10 11 12

叶 　花 　果

树皮 　树形 　潜伏芽

十四、豆科Leguminosae

豆科特征：乔木、灌木。多为复叶，常互生，叶片多呈卵圆形；有托叶。花序总状、穗状，花多两性，为两侧对称的蝶形花或假蝶形花，少数为辐射对称花；荚果。

（一）云实亚科 Caesalpinioideae

皂荚属*Gleditsia* L.

皂荚属特征：落叶乔木，树体高大。主干具分歧的锐利枝刺，叶互生，1或2回偶数羽状复叶，托叶小，脱落。花单性，雌雄异株或杂性。荚果长圆形，革质，扁平。

（62）皂荚（皂角）

拉丁学名　*Gleditsia sinensis* Lam.

产地与分布　自中国北部至南部以及西南均广泛分布。

形态特征

① 夏态特征：叶互生，在短枝上为偶数羽状复叶，在新枝上为二回偶数羽状复叶，小叶片卵圆形，略革质。雌雄异株，雌花淡绿色。荚果扁平，常为镰刀状，扭曲，暗赤褐色。

② 冬态特征：干皮淡绿色，主干及枝条上生有扁平的大型锐利枝刺，枝刺红褐色，枝刺有明显分歧现象。大型荚果宿存，荚果果皮肥厚，荚果果形扭曲，果皮略带红褐色。

园林应用

① 形态造景：园景树，庭荫树，行道树，疏林草坪，风景林。

② 生态造景：荒山绿化，干旱贫瘠地绿化，盐碱地绿化，岩石园绿化，工厂、工矿区绿化，建筑杂填区及城市广场绿化。

典型形态与习性

（二）蝶形花亚科 Papilionoideae

1. 紫穗槐属*Amorpha* L.

紫穗槐属特征：落叶灌木，少有草本；冬芽叠生。奇数羽状复叶，互生，小叶对生或近对生，全缘；托叶针形，早落。总状花序顶生，深紫色，蝶形花冠，直立。荚果。

（63）紫穗槐

拉丁学名 *Amorpha fruticosa* Linn.

产地与分布 中国各地普遍栽培。

形态特征 高1～4米，丛生。奇数羽状复叶，小叶片卵状镰刀形，旗瓣深紫色，倒卵形，翼瓣、龙骨瓣退化。荚果弯曲短小，棕褐色。

园林应用

① 形态造景：观赏花灌木，绿篱，护坡素材。

② 生态造景：干旱贫瘠地、沙地绿化，盐碱地绿化，工厂、工矿区绿化，防护林带绿化，高速公路、国道边坡绿化。

典型形态与习性

2. 锦鸡儿属*Caragana* Lam.

锦鸡儿属特征：落叶灌木，极少小乔木。偶数羽状复叶，长枝上互生，短枝上簇生。小叶全缘，无小托叶，花黄色、稀白色或粉红色，单生或簇生，荚果圆柱形。

（64）树锦鸡儿

拉丁学名　*Caragana arborescens* Lam.

产地与分布　产于中国东北及山东、河北、陕西等地区。

形态特征

① 夏态特征：叶互生或于短枝上簇生，偶数羽状复叶，小叶片卵圆形，托叶针刺状。花冠蝶形，旗瓣宽卵形，翼瓣较旗瓣稍长，长椭圆形，龙骨瓣略旗瓣短。荚果扁圆柱形。

② 冬态特征：树干淡绿色，皮孔横向拉长，单干粗壮，基部有萌蘖刺，幼枝有毛，枝条上宿存叶轴和荚果。

园林应用

① 形态造景：观赏花灌木，小型园景树，缀花草坪，专类园，疏林草坪。

② 生态造景：干旱贫瘠地、沙地、盐碱地绿化，工厂、工矿区绿化，防护林带绿化，高速公路、国道边坡绿化。

典型形态与习性

1	2	3	4	5	6	7	8	9	10	11	12

树锦鸡儿冬干
树锦鸡儿果
树锦鸡儿叶轴
树锦鸡儿芽
树锦鸡儿荚果
树锦鸡儿花

（65）松东锦鸡儿

拉丁学名　*Caragana ussuriensis* (Regel) Pojark

产地与分布　中国黑龙江省各地均有分布。俄罗斯、日本也有分布和园林应用。

形态特征　树皮暗绿色，片状裂。小枝褐色，有纵棱。冬芽赤褐色扁卵形，无毛。叶互生或在短枝上簇生，羽状复叶，具羽状4小叶，近革质，长椭圆状倒卵形。花单生或少有并生，蝶形花冠。荚果扁线形，先端渐尖。

园林应用

① 形态造景：观赏花灌木，缀花草坪，专类园。

② 生态造景：干旱贫瘠地、沙地、盐碱地绿化，工厂、工矿区绿化，防护林带绿化，高速公路、国道边坡绿化。

典型形态与习性

1 2 3 4 5 6 7 8 9 10 11 12

松东锦鸡儿树形
松东锦鸡儿花
松东锦鸡儿花
松东锦鸡儿叶

3. 马鞍树属*Maackia* Rupr. et Maxim

马鞍树属特征：落叶乔木或灌木。鳞芽单生。奇数羽状复叶，互生，无托叶；小叶对生，卵圆形。总状花序顶生。荚果扁平。

（66）怀槐

拉丁学名　*Maackia amurensis* Rupr. et Maxim

产地与分布　中国东北三省均有分布。

形态特征　高15米左右，树干皮绿色，叶互生，奇数羽状复叶，椭圆形。顶生总状花序或复总状花序。荚果扁平，椭圆形至长椭圆形，暗褐色，边缘有明显线棱。

园林应用

① 形态造景：行道树，园景树，庭荫树，风景林，疏林草坪。

② 生态造景：干旱贫瘠地、沙地、盐碱地绿化，工厂、工矿区绿化，防护林带绿化，高速公路、国道绿化。

典型形态与习性

1 2 3 4 5 6 7 8 9 10 11 12

4. 胡枝子属*Lespedeza* Michx

胡枝子属特征：落叶灌木、半灌木或多年生草本；冬芽并生。羽状复叶，互生，小叶全缘，先端有小刺尖；托叶宿存，无小托叶。总状花序或头状花序，腋生。荚果短小，卵形至椭圆形。

（67）胡枝子

拉丁学名　*Lespedeza bicolor* Turcaz.

产地与分布　产于中国东北、内蒙古及河北、山西、陕西、河南等地。

形态特征　小枝条发枝数量多，枝条极细弱，三出复叶，小叶卵形至卵状椭圆形或倒卵形，叶端钝或微凹，有小刺尖，叶基圆形；叶表疏生平伏毛，叶背灰绿色。总状花序腋生；花紫色，花萼密被灰白色平伏毛。荚果扁平而小，斜卵形，有柔毛，常宿存于枝顶。

园林应用

① 形态造景：观赏花灌木，缀花草坪，自然植篱，北方地区稀少的夏秋花树种，秋季观花造景素材。

② 生态造景：干旱贫瘠地、沙地、盐碱地绿化，工厂、工矿区绿化，防护林带绿化，建筑杂填区及城市广场绿化，高速公路、国道边坡绿化。

典型形态与习性

花
枝条
叶
树形
花

十五、芸香科Rutaceae

芸香科特征：乔木或灌木。叶多互生，少对生，单叶或复叶，无托叶。花两性，整齐，单生或呈聚伞状花序、圆锥花序。柑果、蒴果、蓇葖果、核果或翅果。

黄檗属*Phellodendron* Rupr.

（68）黄菠萝（黄檗）

拉丁学名　*Phellodendron amurense* Rupr.

产地与分布　中国东北小兴安岭、长白山及河北等地均有分布，朝鲜、俄罗斯及日本亦有分布。

形态特征　树冠广阔，枝开展。树皮厚，浅灰色，木栓质发达，纵深裂，内皮鲜黄色。二年生小枝淡橘黄色或淡黄色。奇数羽状复叶，小叶5～13，卵状椭圆形至卵状披针形，长5～12厘米，叶端长尖，叶表光滑，揉碎后有异味。花两性，花瓣紫绿色，长3～4毫米。核果球形，黑色，径约1厘米，有特殊香气。

园林应用

① 形态造景：行道树，庭荫树，风景林，疏林草坪。

② 生态造景：工厂、工矿区绿化。

典型形态与习性

1	2	3	4	5	6	7	8	9	10	11	12

叶
树皮
叶
果

十六、卫矛科Celastraceae

卫矛科特征：乔木、灌木或藤本。单叶，对生或互生，羽状脉；托叶小而早落或无。花整齐，两性，多为聚伞花序。常为蒴果，或浆果、核果、翅果。

1．卫矛属*Euonymus* L.

卫矛属特征：落叶或常绿，乔木或灌木，无毛，无刺；枝常近四棱，或为圆状。叶对生，极少互生或轮生，边缘全缘；叶柄短；托叶条状，脱落。花两性，腋生聚伞或复聚伞花序，果实多为蒴果。

（69）桃叶卫矛

拉丁学名 *Euonymus bungeanus* Rupr.

产地与分布 中国华北地区、东北三省均有分布。

形态特征

① 夏态特征：树干皮纵裂，小枝条十字交叉对生，绿色。叶对生，椭圆状卵形至卵圆形或长椭圆形。聚伞花序，小花淡绿色。蒴果，似菱形，果皮白绿色，成熟后开裂，具橙红色假种皮。

② 冬态特征：树干皮纵裂，小枝条十字交叉对生，绿色，蒴果宿存，似菱形，果皮白绿色，种子具橙红色假种皮，可观果。

园林应用

① 形态造景：园景树，庭荫树，疏林草坪，观秋叶、观果，专类园，风景林。

② 生态造景 阴面、阴影区绿化，水湿地、水体绿化，工厂、工矿区绿化。

典型形态与习性

1	2	3	4	5	6	7	8	9	10	11	12
1	2	3	4	5	6	7	8	9	10	11	12

宿果
叶
秋叶
果
果
枝
果
花

2. 南蛇藤属*Celastrus* L.

南蛇藤属特征：落叶，稀常绿，藤本。枝条髓心充实、片状或中空。单叶互生，有锯齿，有柄。花小，绿白色，顶生或腋生；花瓣5片，全缘或钝齿状；雄蕊5枚。蒴果球形，成熟后开裂，具橙红色假种皮。

（70）刺叶南蛇藤

拉丁学名 *Celastrus flagellaris* Rupr.

产地与分布 中国东北、华北、华东、西北、西南及华中均有分布。

形态特征

① 夏态特征：叶近圆形或椭圆状倒卵形，长4～10厘米，先端突短尖或钝尖，基部广楔形或近圆形，缘有钝齿，具托叶刺。短总状花序腋生，花小，或在枝端成圆锥状花序与叶对生。蒴果近球形。成熟后开裂，具橙红色假种皮。

② 冬态特征：枝条上有倒钩的托叶刺，蒴果宿存，圆球形，果皮黄绿色，种子具橙红色假种皮，可观果。

园林应用

① 形态造景：垂直绿化素材，坡地绿化，裸地覆盖与绿化，山岩山石覆盖与绿化。

② 生态造景：阴面、阴影区绿化，水湿地绿化，工厂、工矿区绿化。

典型形态与习性

1	2	3	4	5	6	7	8	9	10	11	12

果
叶
果
枝条

十七、槭树科Aceraceae

槭树科特征：乔木或灌木。叶对生，单生或复叶。花单性、杂性或两性，有或无花被。小而整齐。双翅果多数。

槭树属*Acer* L.

槭树属特征：乔木或灌木。小枝对生，叶对生，单生或复叶；无托叶。花单性、杂性或两性。小而整齐。双翅果。翅果两侧或周围有翅。

（71）复叶槭

拉丁学名　*Acer negundo* L.

产地与分布　原产于北美东南部。中国东北、华北、内蒙古一带都有引种与栽培应用。

形态特征

① 夏态特征：羽状复叶对生，卵形至披针状椭圆形，具裂片，顶生小叶具短缘毛。花单性，雌雄异株，先叶开放，黄绿色。双翅果长圆形，扁平。果翅张开成锐角。

② 冬态特征：树干皮黑色纵裂，芽小，卵形，褐色，密被灰白色的绒毛。小枝条淡绿色，被白粉。萌蘖枝紫红色，被白粉。宿存双翅果，张开成锐角，翅果窄长。

新品种资源　国外有金叶“Aureum”、金边“Elegans”、宽银边“Variegatum”、矮生“Nana”等品种。

园林应用

① 形态造景：行道树，庭荫树，园景树，疏林草坪，专类园，风景林。

② 生态造景：阴面、阴影区绿化，水湿地、水体绿化，工厂、工矿区绿化。

典型形态与习性

（72）茶条槭

拉丁学名　*Acer ginnala* Maxim.

产地与分布　产于中国东北、内蒙古、华北及长江中下游各省。

形态特征

① 夏态特征：叶卵状椭圆形，长6～10厘米，通常3裂，中裂片大，侧裂片小，观秋色叶，叶片基部圆形或近心形，叶缘有不整齐重锯齿，表面通常无毛，背面脉上及脉腋有长柔毛。花杂性，子房密生长柔毛；伞房花序圆锥状，顶生。果核两面突起，果翅张开成锐角或近平行。

② 冬态特征：干皮黑色纵裂，粗糙，小枝细瘦，无毛，冬芽细小，淡褐色。宿存双翅果，翅果张开成锐角，或几近平行，翅果较小。

园林应用

① 形态造景：庭荫树，园景树，疏林草坪，观秋叶树种，风景林，彩叶篱，专类园。

② 生态造景：阴面、阴影区绿化，水湿地绿化。

典型形态与习性

1	2	3	4	5	6	7	8	9	10	11	12
1	2	3	4	5	6	7	8	9	10	11	12

秋叶
叶
双翅果
树形
干皮

（73）色木槭

拉丁学名　*Acer mono* Maxim.

产地与分布　分布于中国东北、华北及长江流域各省。

形态特征

① 夏态特征：单叶对生，掌状5裂，掌状脉，观秋色叶。花杂性同株，淡黄绿色，花多数排列成顶生直立的圆锥状伞房花序，与叶同时开放，无毛。双翅果，果翅张开成钝角，果翅宽短。

② 冬态特征：树皮粗糙，冬芽近于球形，宿存双翅果，张开成钝角，翅果宽短。

园林应用

① 形态造景：庭园树，园景树，疏林草坪，观秋叶树种，风景林，专类园。

② 生态造景：阴面、阴影区绿化，水湿地绿化。

典型形态与习性

1	2	3	4	5	6	7	8	9	10	11	12
1	2	3	4	5	6	7	8	9	10	11	12

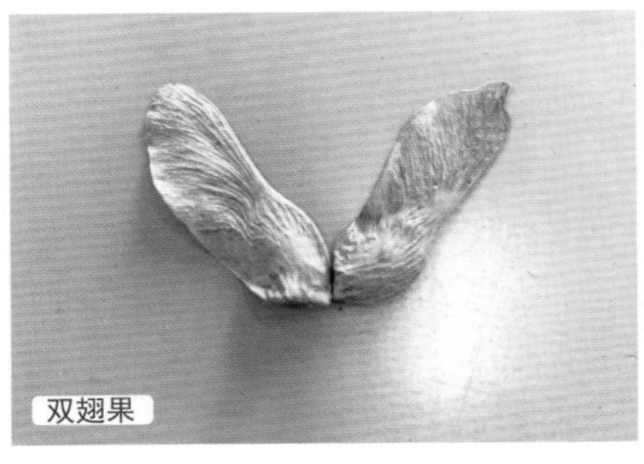

双翅果

叶

秋叶
树皮

十八、无患子科Sapindaceae

无患子科特征：乔木或灌木。叶互生，羽状复叶，多不具托叶。花单性或杂性，呈圆锥、总状或伞房花序。蒴果、核果、坚果、浆果或翅果。

文冠果属*Xanthoceras* Bunge

文冠果属特征：落叶灌木或小乔木；多为羽状复叶，总状花序自上一年形成的顶芽和侧芽内抽出，蒴果近球形或阔椭圆形。

（74）文冠果

拉丁学名　*Xanthoceras sorbifolia* Bunge

产地与分布　原产于中国北部，中国北方地区广泛栽培与应用。

形态特征

① 夏态特征：枝条较为粗壮。奇数羽状复叶，小叶片卵状披针形，叶片薄革质，叶缘具不规则锯齿。圆锥花序，多花，花杂性；单朵花较大，花瓣内部有红色或黄色斑点与条纹。蒴果大型，成熟后3裂。

② 冬态特征：树皮灰褐色。冬芽呈莲花座形，紫红色。叶痕三角形，叶迹圆形，分布在三角形的各顶点。蒴果椭圆形，成熟后3裂片。直径4～6厘米，有木质厚壁，具瘤状凸起，种子褐色，大型。

新品种资源　紫花文冠果。

园林应用

① 形态造景：园景树，庭荫树，疏林草坪。

② 生态造景：干旱贫瘠地绿化，盐碱地绿化。

典型形态与习性

叶迹
花序
叶
树形
果
花
果
种子
冬芽

十九、葡萄科Vitaceae

葡萄科特征：藤本，具有与叶对生的卷须。单叶或复叶，互生。有托叶。花小，两性或杂性；呈聚伞、伞房或圆锥花序，常与叶对生。浆果。

1. 地锦属（爬山虎属）*Parthenocissus* Planch.

地锦属特征：落叶或常绿藤本；枝条具近圆形皮孔；小枝具白色髓；枝条顶端常扩大成吸盘或生有卷须，冬芽圆形，外具2或4 枚鳞片。叶互生，掌状复叶具3或5小叶，或单叶具3裂片，秋色叶红色。花淡绿色，具微香气，两性花，聚伞花序或叶对生；花萼小，花部常5数。浆果黑色。

（75）五叶地锦（美国地锦）

拉丁学名　*Parthenocissus quinquefolia* Planch.

产地与分布　原产于美国东部，现中国华北及其以北地区有广泛栽培。

形态特征

① 夏态特征：具卷须，掌状复叶，具长柄，小叶5，叶质较厚，叶卵状长椭圆形至倒长卵形，长4 ～ 10厘米，先端尖，基部楔形缘具大齿，表面暗绿色，背面稍具白粉并有毛，观秋色叶。聚伞花序集成圆锥状，小花淡绿色。浆果近球形，成熟时蓝黑色，稍带白粉。

② 冬态特征：枝叶互生，枝条顶端及叶腋处生长卷须，黑色核果宿存。

园林应用

① 形态造景：垂直绿化树种，护坡绿化，山岩、山体绿化，秋色叶树种，覆盖裸露地面。

② 生态造景：阴面、阴影区绿化，水湿地绿化，工厂、工矿区绿化。

典型形态与习性

1 2 3 4 5 6 7 8 9 10 11 12

（76）三叶地锦（地锦）

拉丁学名　*Parthenocissus tricuspidata* (Sieb. et Zucc. Planch.)

产地与分布　中国辽宁有野生，吉林到广东均有广泛分布。

形态特征

① 夏态特征：枝条粗壮，多分枝。枝顶端具圆形吸盘，吸着于他物上，短枝粗而短，布满叶痕。叶互生，在短枝端叶近对生，广卵形，先端通常3裂（有时在幼株上与基部的枝上叶较小，而全裂成掌状3小叶），3深裂及部分叶不分裂，叶基部心形。聚伞花序常腋生于短枝端，花两性，小型。浆果，球形，具白霜。

② 冬态特征：枝叶互生，枝条顶端及叶腋处生长圆形吸盘。

园林应用

① 形态造景：垂直绿化树种，护坡绿化，山岩、山体绿化。秋色叶树种，覆盖裸露地面。

② 生态造景：阴面、阴影区绿化，水湿地绿化，工厂、工矿区绿化。

典型形态与习性

吸盘
果
冬态
夏态

2. 葡萄属*Vitis* L.

葡萄属特征：攀援落叶藤本，通常借助卷须攀援上升。茎无皮孔，髓心褐色。卷须与叶对生。单叶互生，掌状裂，叶缘有齿。

（77）山葡萄

拉丁学名　*V. amurensis* Rupr.

产地与分布　中国东北三省均有分布。

形态特征

① 夏态特征：木质，叶互生，叶片大型，广卵形，边缘具粗齿，叶片基部具叶耳，观秋色叶。圆锥花序与叶对生，雌雄异株，多花，花小型，黄绿色；雌花序呈圆锥状而分枝。果实为浆果，球形，黑色，被白粉。

② 冬态特征：枝叶互生，枝顶宿存大型卷须。

园林应用

① 形态造景：垂直绿化树种，护坡绿化，山岩、山体绿化，秋色叶树种，覆盖裸露地面。

② 生态造景：阴面、阴影区绿化，水湿地绿化，工厂、工矿区绿化。

典型形态与习性

1	2	3	4	5	6	7	8	9	10	11	12
1	2	3	4	5	6	7	8	9	10	11	12

秋叶
卷须
叶
树形
卷须

二十、椴树科Tiliaceae

椴树科特征：落叶乔木。单叶互生，叶有长柄，叶基常不对称。聚伞花序下垂，花序具舌状总苞片。花小，黄白色，有香气。坚果状核果，或浆果状。

椴树属*Tilia* L.

椴树属特征：落叶乔木。单叶互生，有长柄，叶基常不对称。聚伞花序下垂；花小，黄白色，有香气。坚果状核果，或浆果状。

（78）紫椴

拉丁学名　*Tilia amurensis* Rupr.

产地与分布　产于欧洲及亚洲西部和中部，中国的华北及其以北、西北及西南均有分布。

形态特征

① 夏态特征：叶卵圆形或阔卵形，基部心形，叶缘单锯齿，叶背叶脉处具黄褐色簇毛。聚伞花序生于舌状总苞片内，花小，黄绿色，具香气，核果球形或椭圆形，被褐色短绒毛。

② 冬态特征：树干皮纵裂，小枝条折形，黄褐色，冬芽红褐色，与枝条张开一定角度，核果。

园林应用

① 形态造景：园景树，庭荫树，行道树，疏林草坪，观秋色叶树种，蜜源植物。

② 生态造景：干旱贫瘠地绿化，工厂、工矿区绿化。

典型形态与习性

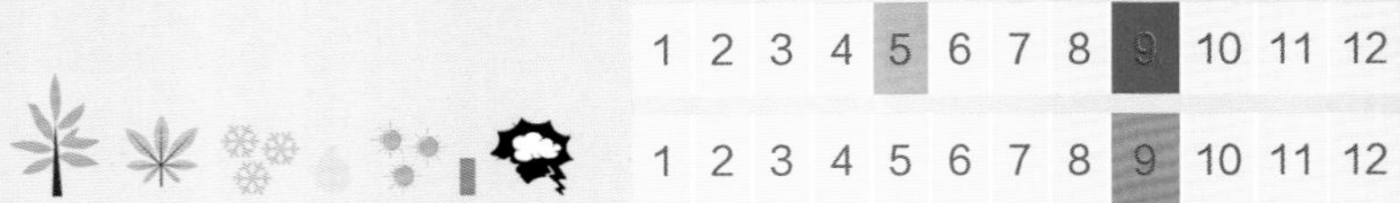

叶
干皮
叶
花

（79）糠椴

拉丁学名 *Tilia mandshurica* Rupr et Maxim.

产地与分布 产于中国东北、内蒙古、河北及山东等地；朝鲜、俄罗斯远东亦有分布。

形态特征 高达20m。树冠广卵形至扁球形，一年生枝黄绿色，密生灰白色星状毛，叶广卵形，长7～15厘米，先端短尖，基部歪心形或斜截形，叶缘锯齿粗而有突出尖头，叶表面有光泽，近无毛，叶背密被柔毛；花下垂，有微香气，聚散花序，苞片倒披针形；果近球形，密被黄褐色星状毛。

园林应用

① 形态造景：园景树，庭荫树，行道树，疏林草坪，风景林，蜜源植物。

② 生态造景：北方园林绿化普遍适用。

典型形态与习性

1	2	3	4	5	6	7	8	9	10	11	12

树形
花

二十一、胡颓子科Elaeagnaceae

胡颓子科特征：落叶或常绿，乔木或灌木，常具枝刺，枝条和叶片上被黄褐色或银白色盾状腺鳞。叶互生，具短柄。花两性或杂性，单生或簇生。果为浆果状核果，长椭圆形，多具鲜艳色彩。

沙棘属*Hippophae* L.

沙棘属特征：落叶灌木或乔木，具枝刺，植株幼嫩部分有银白色或锈色盾状鳞片或星状毛。叶互生，具短柄。花单性异株，排成短总状或葇荑花序，腋生，雄花无柄，雌花有短柄。果实球形或卵圆形，浆果。

（80）沙棘

拉丁学名　*Hippophae rhamnoides* L.

产地与分布　产于欧洲及亚洲西部和中部。中国的华北及其以北、西北及西南均有分布。

形态特征　枝刺较多，老枝灰黑色，粗糙；芽大，金黄色或锈色。叶互生或近对生，线形或线状披针形，叶端尖或钝，叶基狭楔形，叶背密被银白色鳞片；叶柄极短。单性花，雌雄异株，花小，先叶开放。浆果球形或卵形，可食。

新品种资源　大果沙棘、金边“Atrea”、银边“Variegata”、金心“Maculata”等品种。

园林应用

① 形态造景：园景树，庭荫树，风景林，疏林草坪。

② 生态造景：沙地、沙漠绿化，干旱贫瘠地绿化，盐碱地绿化，防护林。

典型形态与习性

花
果
枝刺
果
树形
花

二十二、山茱萸科Cornaceae

山茱萸科特征：乔木或灌木。单叶对生，多无托叶。花两性。排成聚伞、伞形、伞房、头状或圆锥状花序。多为核果，少为浆果。

梾木属*Cornus* L.

梾木属特征：乔木或灌木，多为落叶性。枝条多具鲜艳色彩，芽鳞2枚，先端尖锐。单叶对生，全缘，有叶柄，多为弧形脉。花小，两性，排成顶生聚伞花序。核果。

（81）红瑞木

拉丁学名　*Cornus alba* L.

产地与分布　分布于中国东北、内蒙古及河北、陕西、山东等地。朝鲜、俄罗斯亦有分布。

形态特征　枝条血红色，无毛，冬芽裸芽，长尖形不饱满。叶对生，卵形或椭圆形，长4～9厘米，叶端尖，叶基圆形或广楔形，全缘，弧形脉下陷，侧脉5～6对，叶表暗绿色，叶背粉绿色，两面均疏生贴生柔毛，观秋色叶。花小，排成顶生的伞房状聚伞花序。核果斜卵圆形。

园林应用

① 形态造景：观赏花灌木，缀花草坪，雪地造景素材，彩茎植物，彩茎绿篱。与红皮云杉、白桦组成经典配植，形成丰富的季相、色相、层次与多样性等变化。

② 生态造景：水湿地、水边、水体绿化。

典型形态与习性

1	2	3	4	5	6	7	8	9	10	11	12
1	2	3	4	5	6	7	8	9	10	11	12

花
秋叶
叶
冬芽
果

（82）偃伏梾木

拉丁学名　*Cornus stolonifera* Michx.

产地与分布　原产于北美，中国黑龙江省哈尔滨市现有引种栽培与园林应用。

形态特征　枝条紫红色，分枝角度小，小枝被糙伏毛，冬芽裸芽，长尖形不饱满。单叶对生，叶呈椭圆形或长圆状卵形，全缘，叶面深绿色，近无毛，叶被粉白色，先端渐尖，弧形脉下陷，观秋叶。聚伞花序。核果球形，经冬不落。种子暗灰色，表面光滑，呈扁圆形。

园林应用

① 形态造景：观赏花灌木，缀花草坪，雪地造景素材，彩茎植物，彩茎绿篱。与红皮云杉、白桦组成经典配植，形成丰富的季相、色相、层次与多样性等变化。

② 生态造景：水湿地、水边、水体绿化。

典型形态与习性

树形
秋叶
果
叶

（Ⅱ）合瓣花亚纲(Metachlamydeae)

二十三、杜鹃花科Ericaceae

杜鹃花科特征：常绿或落叶灌木。全株被鳞片。单叶互生，全缘，无托叶。花两性，辐射对称，或稍两侧对称，单生或簇生。蒴果。

杜鹃花属*Rhododendron* L.

杜鹃花属特征：常绿或落叶灌木，罕为小乔木或乔木。单叶互生；全缘；无托叶。花两性，辐射对称或稍微两侧对称，单生或簇生；花萼宿存，花冠合瓣。蒴果。

（83）兴安杜鹃

拉丁学名　*Rhododendron dauricum* Linn.

产地与分布　中国多地均有分布。兴安杜鹃为黑龙江山区高海拔山地的林内花灌木，又是东北柞木林下具代表性的灌木之一。

形态特征

① 夏态特征：叶互生，薄革质，长圆形或卵状长圆形，先端钝形；上面深绿色，散生淡灰色腺鳞，下面淡绿或淡褐色，有腺鳞。叶柄短。紫红色花1～4生于枝端，先叶开放或花叶同放。蒴果灰褐色，短圆柱形。

② 冬态特征：高1～2米。树皮淡灰或暗灰色。小枝细而弯曲，幼枝褐色，被柔毛和腺鳞。冬芽卵形。

新品种资源　照白杜鹃、小叶杜鹃、迎红杜鹃、牛皮杜鹃、大字杜鹃。

园林应用

① 形态造景：山林报春植物，营造春季景观，观赏花灌木，缀花草坪，布置杜鹃专类园。

② 生态造景：阴面阴影区绿化，贫土贫瘠地绿化，林内林缘配植，水湿地、水边、水体绿化。

典型形态与习性

1 2 3 4 5 6 7 8 9 10 11 12

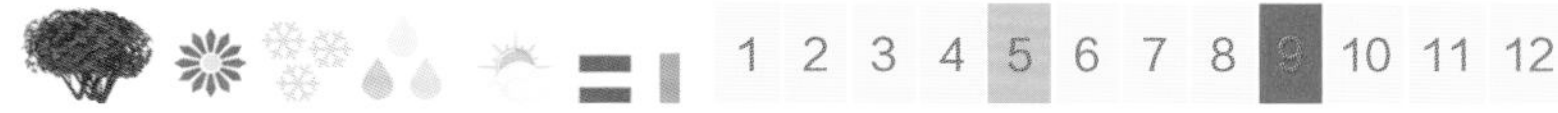

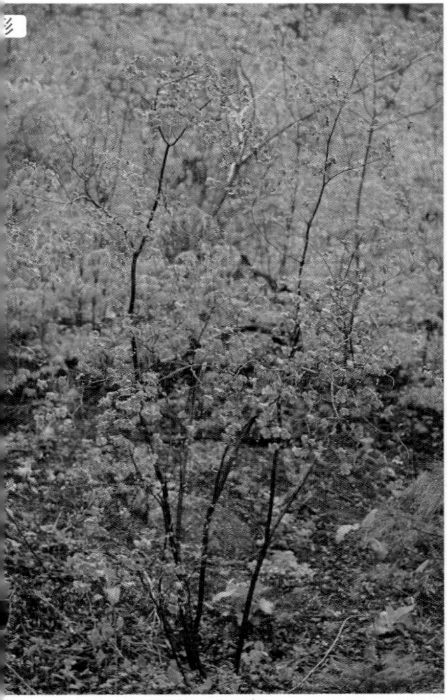

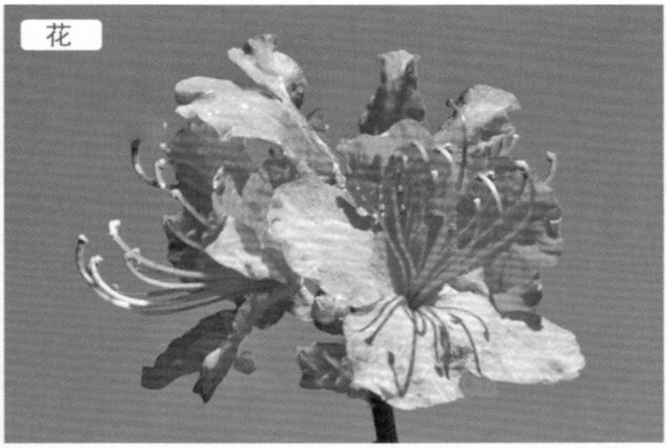

花

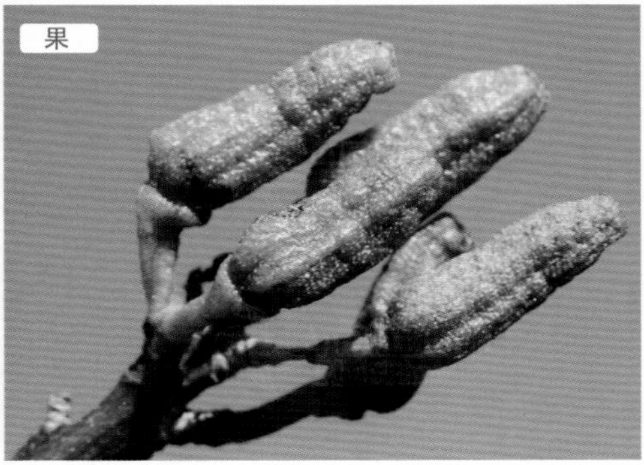

果

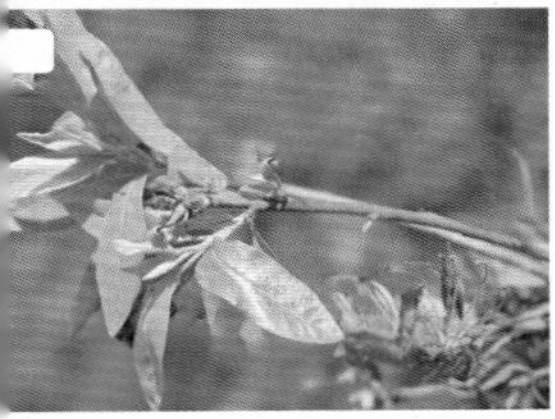

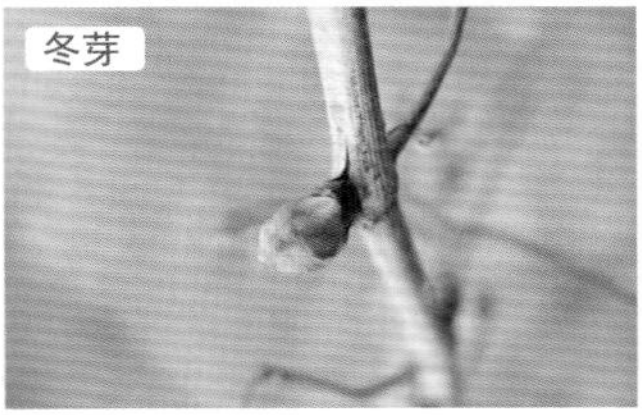

冬芽

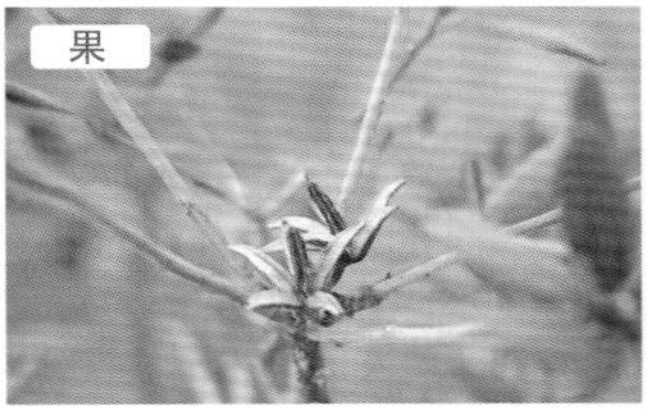

果

二十四、木樨科Oleaceae

木樨科特征：乔木或灌木。叶对生，单叶、三小叶或羽状复叶；无托叶。花两性，圆锥、总状或聚伞花序。核果、蒴果、浆果。

1. 白蜡树属*Fraxinus* L.

白蜡树属特征：落叶乔木，树皮纵裂，稀片状剥裂；冬芽褐色或黑色。奇数羽状复叶，对生，小叶长具齿。花小，杂性或单性，雌雄异株，圆锥花序。翅果。

（84）水曲柳

拉丁学名　*Fraxinus mandshurica* Rupr.

产地与分布　分布于中国东北、华北，集中分布于小兴安岭。

形态特征

① 夏态特征：小枝条较粗壮，奇数羽状复叶，叶椭圆状披针形或卵状披针形，锯齿细尖，端长渐尖，基部连叶轴处密生黄褐色绒毛，叶柄具沟槽。圆锥花序侧生于去年小枝上；花单性异株，无花被。单翅果，长椭圆形。

② 冬态特征：树干通直，树皮灰褐色，浅纵裂，冬芽黑色，莲花座状。叶痕马蹄形，叶迹半圆形。

新品种资源　花曲柳。

园林应用

① 形态造景：行道树，庭荫树，园景树，风景林，疏林草坪。

② 生态造景：水湿地、水边、水体绿化，工厂、工矿区绿化。

典型形态与习性

叶迹
冬芽
叶轴
单翅果
叶

2．连翘属*Forsythia* Vahl.

连翘属特征：落叶灌木，枝条对生，枝髓部中空或呈薄片状；冬芽叠生。叶对生，单叶，叶缘有锯齿或全缘；有叶柄。花两性，先叶开放。蒴果卵圆形。

（85）东北连翘

拉丁学名　*Forsythia mandshurica* Thunb.

产地与分布　产于中国北部、中部及东北各省，现中国各地均有栽培。

形态特征

① 夏态特征：单叶或偶尔为3小叶，对生，卵形，宽卵形或椭圆状卵形，无毛端锐尖，叶基圆形至宽楔形，叶缘有粗锯齿，近无叶柄。花先叶开放，通常单生，沿枝条开放。蒴果卵圆形，表面散生疣点。报春植物。

② 冬态特征：老枝皮孔粒状突起，土黄色，新生枝黄褐色，树冠外围枝条外展成弧线形，不定芽，花芽黑色长尖形，枝条中空，片状髓心。

新品种资源　垂枝连翘、卵叶连翘等。

园林应用

① 形态造景：早春观赏花灌木，缀花草坪，花篱，分车带绿化，切花。

② 生态造景：干旱贫瘠地绿化，岩石园绿化，山石、山岩绿化，坡地绿化。

典型形态与习性

彡
心
花芽
叶
花

3．丁香属*Syringa* L.

丁香属特征：落叶灌木或小乔木，枝为假二叉分枝；冬芽卵圆形，顶芽常缺。叶对生，单叶，全缘。花两性，顶生或侧生圆锥花序，宿存。蒴果长圆形。

（86）紫丁香

拉丁学名　*Syringa oblata* Lindl.

产地与分布　分布于中国东北三省、河北、山东等地。

形态特征

① 夏态特征：叶阔卵形，端锐尖，叶基心形或截形，全缘，两面无毛，网状脉。圆锥花序顶生，长6～15厘米；花萼钟状，芳香，花药生于花冠筒中部或中上部。蒴果长圆形，顶端尖，平滑开裂，宿存，果皮外油腺点不明显。

② 冬态特征：树干皮灰色，皮孔粒状突起，假二叉分枝，枝条顶端着生饱满混合芽，圆球形，蒴果宿存，长圆形，顶端尖，心皮两裂，果皮外油腺点不明显。

新品种资源　白花丁香、紫萼丁香、佛手丁香、朝鲜丁香、重瓣丁香。

园林应用

① 形态造景：北方园林绿化中最常应用的花灌木，缀花草坪，多布置专类园、百花园、夜花园、香花园，切花应用。

② 生态造景：干旱贫瘠地绿化，工厂、工矿区绿化，道路分车带绿化，建筑杂填区绿化。

③ 人文造景：黑龙江省哈尔滨市素有“丁香城”之称，紫丁香为哈尔滨市园林营造“香飘百里醇，紫色满城春”的春季景观。

典型形态与习性

冬果
干皮及皮孔
花
叶
冬芽
花
树形
叶

（87）白花丁香

拉丁学名　*Syringa oblata* var. *alba* Rehd.

产地与分布　分布于中国东北三省、河北、山东等地。

形态特征　枝条较粗壮，皮孔粒状突起。假二叉分枝，枝条顶端着生饱满混合芽，圆球形。叶阔卵形，端锐尖，叶基心形或截形，全缘，两面无毛，网状脉。圆锥花序顶生，长10～20厘米；花萼钟状，芳香，花药生于花冠筒中部或中上部。蒴果长圆形，顶端尖，心皮两裂，宿存，果皮外油腺点不明显。

园林应用

① 形态造景：北方园林绿化中最为常见应用的花灌木，缀花草坪，多布置专类园、百花园、夜花园、香花园，切花应用。

② 生态造景：干旱贫瘠地绿化，工厂、工矿区绿化，道路分车带绿化，建筑杂填区绿化。

③ 人文造景：黑龙江省哈尔滨市素有“丁香城”之称，丁香为哈尔滨市园林营造“香飘百里醇”的春季景观。

典型形态与习性

1 2 3 4 5 6 7 8 9 10 11 12

树形

花

（88）暴马丁香

拉丁学名　*Syringa amurensis* Rupr.

产地与分布　分布于中国东北、华北、西北东部。

形态特征

① 夏态特征：叶长卵形至长卵圆形，长5～10厘米，端尖，叶基部通常圆形或截形，网状脉，背面侧脉隆起。总状花序大而疏散，花冠筒较萼稍长，花丝细长，雄蕊几乎为花冠裂片的2倍长。蒴果矩圆形。

② 冬态特征：单干粗壮，树干皮紫红色，光滑，或横裂，假二叉分枝，枝条顶端着生饱满混合芽，圆球形。残留果序大而松散，呈总状，蒴果矩圆形，宿存，果皮外密被油腺点。

新品种资源　日本丁香、北京黄丁香。

园林应用

① 形态造景：园景树，缀花草坪，疏林草坪，布置丁香专类园、百花园、夜花园、香花园素材，插花素材。

② 生态造景：干旱贫瘠地绿化，工厂、工矿区绿化，道路分车带绿化，建筑杂填区绿化。

典型形态与习性

1	2	3	4	5	6	7	8	9	10	11	12

果

冬芽

叶

树形

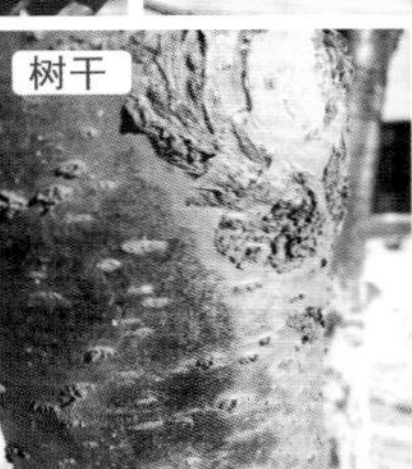
树干

花

分枝

（89）小叶丁香

拉丁学名　*Syringa microphylla* Diels

产地与分布　产于中国中部及北部地区。

形态特征

① 夏态特征：幼枝具绒毛。叶卵圆形，叶片小，网状脉。总状花序紧密，花细小，芳香。蒴果小，先端稍弯，果壳外被发达的油腺点。

② 冬态特征：树皮暗褐色，皮孔灰白色，明显；幼枝灰褐色，被柔毛。冬芽小，红褐色，先端尖。宿存蒴果较小，常为镰刀形，先端稍弯，果壳外被发达的油腺点。

新品种资源　国外通常栽植的优良品种是“Superba”。

园林应用

① 形态造景：观赏花灌木，布置专类园、百花园、夜花园、香花园素材，缀花草坪，切花应用。

② 生态造景：干旱贫瘠地绿化，岩石园绿化，工厂、工矿区绿化，绿篱、花篱，道路分车带绿化，建筑杂填区绿化。

典型形态与习性

1	2	3	4	5	6	7	8	9	10	11	12

（90）朝鲜丁香

拉丁学名　*Syringa dilatata*

产地与分布　产于朝鲜半岛北部和中部，中国东北地区也有种植栽培，青海省有野生种分布。

形态特征　高3～4米，幼枝淡红（褐）色，叶片卵形，革质，网状叶脉明显。圆锥花序侧生。蒴果，宿存。

园林应用

① 形态造景：观赏花灌木，布置专类园、百花园、夜花园、香花园素材，缀花草坪，切花应用。

② 生态造景：干旱贫瘠地绿化，工厂、工矿区绿化，道路分车带绿化，建筑杂填区绿化。

典型形态与习性

1 2 3 4 5 6 7 8 9 10 11 12

叶　叶　树形

冬果　果　花

4. 女贞属*Ligustrum* L.

女贞属特征：落叶或常绿，灌木或乔木；冬芽卵形。单叶，对生，全缘，具短柄。花两性，顶生圆锥花序；花小，白色。核果浆果状，黑色或蓝黑色。

（91）水蜡

拉丁学名　*Ligustrum obtusifolium* Sieb. et Zucc.

产地与分布　产于中国华东、华北以北地区。

形态特征　分枝多，小枝条纤细，枝叶对生，叶片长卵圆形，全缘，光滑无毛，近网状脉。总状花序顶生，微香，核果黑色，椭圆形，冬季宿存。

新品种资源　金叶水蜡。

园林应用

① 形态造景：观赏花灌木，缀花草坪，绿篱，剪形树。

② 生态造景：工厂、工矿区绿化。

典型形态与习性

花
叶
果
冬芽

二十五、茄科Solanaceae

茄科特征：小乔木或灌木。单叶互生，叶全缘，齿裂或羽状分裂，无托叶。花两性。浆果或蒴果。

枸杞属*Lycium* L.

枸杞属特征：落叶或常绿灌木，单叶互生或簇生，全缘，叶具柄或近于无柄。花两性，有梗，单生于叶腋或簇生于短枝上。浆果长圆形，常红色。

（92）枸杞

拉丁学名 *Lycium chinensis* Mill.

产地与分布 分布很广。中国东北地区及西部草原地区均有栽培。

形态特征

① 夏态特征：单叶互生，或成2～4枚腋生，卵形菱形至卵形披针形，长1.5～5厘米，端急尖，基部楔形，花单生，或2～4朵簇生于叶腋，花萼常3中裂或4～5齿裂；花冠漏斗状，花冠筒稍短于或近等于花冠裂片，花期长，浆果，长椭圆形。

② 冬态特征：高可达2米。枝条细长，呈拱形生长，有条棱，具针状刺。宿存浆果，卵形或长圆形。

新品种资源 东北枸杞。

园林应用

① 形态造景：观赏花灌木，山石、山岩绿化，坡地绿化。

② 生态造景：干旱贫瘠地绿化，岩石园绿化，盐碱地绿化，沙漠绿化，高速公路边坡绿化，建筑杂填区绿化，盆景素材。

典型形态与习性

花
叶
树形
托叶刺
果
叶
果
枝条拱形

二十六、紫葳科Bignoniaceae

紫葳科特征：落叶或常绿乔木、灌木、藤本。单叶或复叶，对生稀互生，无托叶。花两性，聚伞、总状或圆锥花序顶生或腋生。蒴果，少浆果。

梓树属 *Catalpa* L.

梓树属特征：落叶乔木，小枝无顶芽，单叶对生或3枚轮生，全缘或有缺裂。花大，呈顶生总状花序或圆锥花序。蒴果细长，柱形，成熟时2裂。

（93）梓树

拉丁学名　*Catalpa ovata* G.Don

产地与分布　分布广泛。中国东北、华北，南至华南北部均有分布，以黄河中下游为分布中心。

形态特征　树冠开展，树皮灰褐色、纵裂。枝条上叶痕为近圆形，叶迹为正立的椭圆形，叶阔卵形或近圆盾形，有毛，叶片背面基部脉腋有紫斑，叶片揉碎有异味。圆锥花序顶生，花萼绿色或紫色，花冠淡黄色，内面有黄色条纹及紫色斑纹。蒴果细长，种子具冠毛。

新品种资源　金叶梓树。

园林应用

① 形态造景：园景树，庭荫树，行道树，疏林草坪，风景林，为北方园林中稀少的夏花种类，营造夏季景观。

② 生态造景：干旱贫瘠地绿化，盐碱地绿化，工厂、工矿区绿化。

③ 人文造景：梓树代表对故乡的眷恋，古书中的“桑梓”有思恋故乡之意。

典型形态与习性

1 2 3 4 5 6 7 8 9 10 11 12

叶

果

叶

树形

花

二十七、忍冬科Caprifoliaceae

忍冬科特征：灌木。单叶对生，无托叶。花两性，聚伞或其他各式花序。浆果、核果或蒴果。

1. 锦带花属*Weigela* Thunb.

锦带花属特征：落叶灌木，髓心坚实，冬芽有数片尖锐芽鳞。单叶对生，有锯齿，无托叶。花较大，腋生或顶生聚伞花序或簇生。蒴果长椭圆形。

（94）锦带花

拉丁学名　*Weigela florida* Bunge

产地与分布　原产于中国华北、东北及华北东部。

形态特征　叶椭圆形或卵状椭圆形，端锐尖，叶基部圆形至楔形，叶缘有锯齿，叶被毛，近无柄。花1～4朵成聚伞花序，花漏斗形，蒴果柱形，宿存开裂，蕊柱伸长木化，冬芽长尖形，不饱满。

新品种资源　白花锦带花、红花锦带花、四季锦带花、早花锦带花等。

园林应用

① 形态造景：观赏花灌木，缀花草坪。

② 生态造景：干旱贫瘠地绿化，工厂、工矿区绿化，自然式花篱。

典型形态与习性

花
蕊柱伸长木化
冬芽
叶
树形

（95）红王子锦带花

拉丁学名　*Weigela florida* cv. Red Prince

产地与分布　为杂交种，原产于美国，中国黑龙江省哈尔滨市有引种与栽培应用。

形态特征　高1.5～2米，冠幅1.5米，花冠漏斗形，繁密而下垂。

园林应用

① 形态造景：观赏花灌木，缀花草坪，花篱，假山、山岩、坡地绿化。为北方园林中稀少的夏秋花种类，营造夏秋季景观。

② 生态造景：东北地区园林绿化。

典型形态与习性

1 2 3 4 5 6 7 8 9 10 11 12

叶片
花
树形

2. 忍冬属*Lonicera* L.

忍冬属特征：灌木，枝干皮部老时呈纵裂剥落。单叶对生，全缘，有短柄或无柄；花成对腋生，花冠管状，常变色，基部常弯曲，唇形或近5等裂。浆果肉质，多呈鲜艳色彩，有果柄或无柄，合生或离生。

（96）金银忍冬

拉丁学名　*Lonicera maackii* Maxim.

产地与分布　产于中国华北、东北地区，分布广泛。

形态特征

① 夏态特征：叶卵状圆形至卵状披针形，端渐尖，叶基部宽楔形或圆形，全缘，两面疏生柔毛，花成对腋生，总花梗短于叶柄，花冠唇形，花冠筒2～3倍短于唇瓣，雄蕊5，与花柱均短于花冠。浆果圆球形，成对叶腋生，2果离生，近无柄。

② 冬态特征：干皮纵向丝状剥落，小枝条中空，宿存红浆果，果径0.5厘米，果着生于叶腋处，四大观果树种之一。

新品种资源　红花金银木、金叶忍冬。

园林应用

① 形态造景：观赏花灌木，专类园、夜花园、百花园绿化。缀花草坪，雪地造景，插花素材。

② 生态造景：阴面阴影区绿化，林下林缘配植，岩石园绿化，水湿地、水边绿化，水体绿化。

③ 人文造景：“忍冬”，具有忍耐寒冷冬季之意，营造北方园林中的冬季景观，也意喻无畏严寒、傲雪凌霜却依然美丽如初的品格。

典型形态与习性

1 2 3 4 5 6 7 8 9 10 11 12

叶
花
花
果

（97）长白忍冬

拉丁学名 *Lonicera ruprechtiana* var. *ruprechtiana*

产地与分布 产于中国东北，分布广泛。

形态特征 树干皮纵向丝状剥落，叶较厚，卵圆形，叶基部近圆形，被毛。花总梗长1～2厘米，疏生短柔毛。浆果球形，有果柄，2果合生。

新品种资源 黄花忍冬。

园林应用

① 形态造景：观赏花灌木，专类园、夜花园、百花园绿化。缀花草坪，雪地造景，插花素材。

② 生态造景：阴面阴影区绿化，林下林缘配植，岩石园绿化，水湿地、水边绿化，水体绿化。

典型形态与习性

1	2	3	4	5	6	7	8	9	10	11	12

树形

果

叶
叶
果
花

（98）秦岭忍冬

拉丁学名　*Lonicera ferdinandii* Franch.

产地与分布　产于中国东北、秦岭以北地区，分布于中国华北、西北及四川。

形态特征　小枝上密被深色腺点和刺毛，叶卵形或长卵圆形，叶基部最宽近心形，先端渐尖，表面灰绿色，背面淡绿色；托叶半圆形，抱茎，叶柄密生刺毛，花冠二唇形，长15～20毫米；浆果，透明状，长圆形，被木质总苞片。

园林应用

① 形态造景：观赏花灌木，专类园、夜花园、百花园绿化。缀花草坪，雪地造景，插花素材。

② 生态造景：阴面阴影区绿化，林下林缘配植，岩石园绿化，水湿地、水边绿化，水体绿化。

典型形态与习性

1	2	3	4	5	6	7	8	9	10	11	12

小枝刺毛
果
树形

3. 接骨木属*Sambucus* L.

接骨木属特征：落叶灌木或小乔木，奇数羽状复叶对生，小叶有锯齿或分裂。花小、辐射对称，聚伞花序排列成伞房花序或圆锥花序。浆果状核果。

（99）东北接骨木

拉丁学名　*Sambucus coreana* Hance

产地与分布　中国东北三省均有自然分布。

形态特征

① 夏态特征：奇数羽状复叶，小叶5～7枚，椭圆状披针形，端尖至渐尖，基部阔楔形，常不对称，叶缘具锯齿，两面光滑无毛，揉碎有异味。圆锥状聚伞花序顶生，花冠辐射状，裂片5，外展，雄蕊5，约与花冠等长。浆果状核果圆球形。

② 冬态特征：枝条顶生饱满的圆球形混合芽，主干上有明显的潜伏芽，髓心淡黄色，浆果状核果球形，物候期早。

园林应用

① 形态造景：观赏花灌木，缀花草坪。

② 生态造景：防护林带绿化，工厂、工矿区绿化。

典型形态与习性

1	2	3	4	5	6	7	8	9	10	11	12

树形
冬芽
果
叶
混合芽
果
花
潜伏芽

4．荚蒾属*Viburnum* L.

荚蒾属特征：落叶灌木，少有小乔木；冬芽裸露或被鳞片。单叶对生，叶全缘或有锯齿；托叶有或无。花朵全发育或花序边缘为不孕花，组成伞房状、圆锥状或伞形聚伞花序；花冠钟状、辐射状或管状，5裂；浆果状核果。

（100）鸡树条荚蒾（天目琼花）

拉丁学名　*Viburnum sargentii* Koehne

产地与分布　中国东北南部、华东、华北、长江流域均有分布。

形态特征

① 夏态特征：高1～1.5米，树皮暗灰色，浅纵裂，略带木栓质，小枝具明显的皮孔。叶广卵形至卵圆形，通常3裂，裂片边缘具不规则的齿，生于分枝上部的叶常为椭圆形至披针形，不裂，叶具异形现象，掌状三出脉，叶柄顶端有2～4腺体。聚伞花序复伞形，有一轮白色大型不孕边花；核果近球形，红色。有异味，果核心形，粉红色。

② 冬态特征：树干浅纵裂，小枝有明显微棱，果序宿存复伞房状，核果，椭圆形，可观果。果实有异味，果核心形。

新品种资源　黄果天目琼花、木绣球。

园林应用

① 形态造景：园林中著名观赏花灌木，专类园、夜花园、百花园绿化。缀花草坪，雪地造景。

② 生态造景：阴面阴影区绿化，林下林缘配植，岩石园绿化，水湿地、水边、水体绿化。

典型形态与习性

树形
果
叶
叶形 1
叶形 2
果
树皮
花
冬果

（101）暖木条荚蒾

拉丁学名　*Viburnum burejaeticum* Regel et Herd.

产地与分布　中国东北三省均有分布。

形态特征

① 夏态特征：小枝被木栓质，叶对生，圆卵形或卵形。花期较早，花为紧密的聚伞花序，有密星状毛。复伞状果序宿存，核果椭圆形至长椭圆形，后转为蓝黑色；果核两侧有纵沟。

② 冬态特征：小枝被木栓质，枝条灰色，冬芽裸露，长尖形，不饱满，被银色鳞片，果序宿存复伞房状，小核果先红色，后转为蓝黑色，椭圆形。

园林应用

① 形态造景：观赏花灌木，专类园、夜花园、百花园绿化。缀花草坪。

② 生态造景：阴面阴影区绿化，林下林缘配植，岩石园绿化，干旱贫瘠地绿化、防护林带绿化。

典型形态与习性

冬芽
叶
花
冬果
冬果
枝

（102）木绣球

拉丁学名　*Viburnum macrocephalum* Fort.

产地与分布　主产于中国长江流域，南北各地都有栽培。

形态特征

① 夏态特征：叶卵形或椭圆形，长5～8厘米，叶端钝，叶基圆形，边缘有细齿。大型聚伞花序呈球形，几乎全由白色不孕花组成，直径约20厘米；花萼筒无毛；花冠辐射状，花开放后逐渐变成水粉色，花期较长。

② 冬态特征：枝条广展，树冠呈球形。冬芽裸露，密被灰白色短毛，幼枝密被星状毛，小枝条在主枝上轮生，老枝灰黑色，花序宿存。

园林应用

① 形态造景：北方园林中难得的夏秋花花灌木，打造夏秋季景观；布置夜花园、百花园的绿化素材。缀花草坪。

② 生态造景：阴面阴影区绿化，林下林内配植。

典型形态与习性

1	2	3	4	5	6	7	8	9	10	11	12

小枝轮生

[1]闫双喜, 谢磊. 园林树木学 [M]. 北京: 化学工业出版社，2016.

[2]刘慧民. 风景园林树木资源与造景学 [M]. 北京: 化学工业出版社，2011.

[3]布凤琴, 宋凤，臧德奎. 300种常见园林树木识别图鉴 [M]. 北京: 化学工业出版社，2014.

[4]郑万钧. 中国树木志 [M]. 北京: 中国林业出版社，1990.

[5]卓丽环, 王玲. 观赏树木识别手册[M]. 北京: 中国林业出版社，2014.

[6]刘振林, 汪洋. 园林树木认知与应用[M]. 北京: 科学出版社，2019.

[7]程倩, 刘俊娟. 园林植物造景[M]. 北京: 机械工业出版社，2015.

[8]周秀梅, 李保印. 园林树木学[M]. 北京: 水利水电出版社，2013.

[9]刘慧民. 植物景观设计[M]. 北京: 化学工业出版社，2016.

[10]曲同宝. 常见树木图鉴[M]. 哈尔滨: 黑龙江科学技术出版社，2017.

[11]张天麟. 园林树木1600种[M]. 北京: 中国建筑工业出版社，2010.

[12]徐晔春. 园林树木鉴赏[M]. 北京: 化学工业出版社，2012.

拉丁文索引

Q

R

S

T

U

V

W

X

中文索引